Crashkurs PR

So gewinnen Sie alle Medien für sich

Kai Oppel

2. Auflage

C.H.BECK

So nutzen Sie dieses Buch

Die folgenden Elemente erleichtern Ihnen die Orientierung im Buch:

Beispiele

In diesem Buch finden Sie zahlreiche Beispiele, die die geschilderten Sachverhalte veranschaulichen.

Definitionen

Hier werden Begriffe kurz und prägnant erläutert.

! Die Merkkästen enthalten Empfehlungen und hilfreiche Tipps.

Auf den Punkt gebracht

Am Ende jedes Kapitels finden Sie eine kurze Zusammenfassung des behandelten Themas.

Inhalt

Vorwort

Deutschland im Mai 2013: Deutschland sucht. Diesmal nicht den Superstar, sondern alte, noch funktionstüchtige Allesschneider. Der Hausgerätehersteller ritterwerk aus Bayern hat unter dem Motto „Deutschlands ältester Küchenritter" dazu aufgerufen. Am Ende der Aktion wird er weit über einhundert Zuschriften und Fotos erhalten haben. Und bei vielen Menschen wird in Erinnerung bleiben, wofür das Unternehmen seit Jahrzehnten steht – Langlebigkeit und Nachhaltigkeit.

Die Aktion ist in mehrfacher Hinsicht ein lehrreiches Beispiel für gute Public Relations (PR). Denn PR ist mehr als Pressemeldungen schreiben, Pressekonferenzen abhalten, Facebook-Likes sammeln oder wahl- und ziellos zu twittern. Klar: Wer Öffentlichkeit möchte, muss auffallen. Der Schlüssel zur Aufmerksamkeit liegt aber nicht allein im Nutzen neuer Verbreitungstechniken oder im Erfinden von PR-Events.

Egal ob Zeitungsveröffentlichung, TV-Auftritt oder Social Media: Welche Formen Öffentlichkeitsarbeit in der Praxis annimmt, ist sekundär. Primär kommt es auf die Inhalte und die zu erreichenden Zielgruppen an.

So ist die Allesschneider-Aktion keine Goldidee, die den Mitarbeitern der PR-Agentur nach dem Genuss von drei Flaschen Rotwein zugeflogen ist. Vielmehr beruht sie auf einer PR-Konzeption, der eine ausführliche Situationsanalyse vorausgegangen ist. Die Kampagnenidee ist das Ergebnis des Kommunikationsziels, die Unternehmenswerte „Bauhaus", „Nachhaltigkeit" und „Made in Germany" für

Redakteure und Kunden gleichermaßen erlebbar zu machen und zu transportieren.

In diesem Buch sollen Sie jedoch nicht Erfolgsgeschichten konsumieren, die Sie am Ende nicht in Ihre individuelle PR-Praxis transferieren können. Das angeführte Beispiel soll lediglich verdeutlichen, dass wirksame Medienarbeit kein Zufallsprodukt ist, sondern immer zu einer Frage führt: **Wie müssen Inhalte sein, damit sie neu, wichtig und interessant sind? Und zwar für den Empfänger – und nicht für den Absender.**

Egal, ob Sie ein Unternehmer sind, der Pressearbeit betreiben möchte, oder ob Sie sich dem Thema PR als Künstler, Student oder Pressereferent widmen: Auf den kommenden Seiten werden Sie nicht nur in das Handwerkszeug der Pressearbeit eingeführt, sondern stets mit den Grundfragen der Kommunikation konfrontiert. Denn PR ist Kommunikation.

Und: Kommunikation ist Denkarbeit. Nur wer seine Zielgruppe jedes Mal neu absteckt, wer Inhalte jedes Mal zielgruppengerecht aufbereitet, wer kommuniziert, um verstanden zu werden – der hat Erfolg.

In diesem Sinne: Viel Erfolg beim Erlernen erfolgreicher PR wünscht

Kai Oppel

Die Multiplikatoren verstehen

Wer erfolgreich PR betreiben will, braucht Empathie. Warum? Der PR-Schaffende befindet sich in einem System verschiedenster Zielvorgaben und Erwartungen. Nur wem es gelingt, sich empathisch in die Welt seiner Stakeholder (Anspruchsgruppen) hineinzuversetzen, der wird ihre Beweggründe erkennen und ihr Handeln verstehen.

Ob Redakteur, Journalist, Politiker, Leser, Radiohörer, Unternehmer oder Verbandsvorsitzender: Nur wer sich als PR-Schaffender in die Arbeits- und Denkwelt dieser Zielgruppen einzudenken vermag, hat eine Chance, deren Handeln durch seine Kommunikationsleistung zu beeinflussen.

Empathie als Erfolgsfaktor

Der ideale PR-Experte verfügt über ein Mindestmaß an Empathie und Vorstellungsvermögen, um sich in die Arbeits- und Denkwelt des Journalisten bzw. des Redakteurs zu versetzen.

Die folgenden Tabellen geben Ihnen einen Überblick über die Gedankenwelt von Redakteuren – und durch welche vertrauensbildenden Maßnahmen PR-Schaffende die Medienschaffenden unterstützen können.

Welche Ängste könnte ein Redakteur haben?	Wie kann der PR-Schaffende diesen Ängsten entgegenwirken?
• einer Falschinformation eines PR-Schaffenden aufzusitzen	• Quellen ordentlich aufzeigen, Vertrauen schaffen durch kontinuierliche PR-Kommunikation sowie durch Transparenz.
• falsche Informationen zu verbreiten	• Informationen so verständlich aufbereiten, dass sie vom Journalisten begriffen und hinterfragt werden können
• sich zum Sprachrohr eines Unternehmens/einer Institution zu machen	• weitere Ansprechpartner nennen, Fakten mit verschiedenen anderen Quellen belegen

Was muss der Journalist/Redakteur für seine Leser, Hörer und/oder Zuschauer leisten?	Wie kann der PR-Schaffende den Journalisten/Redakteur dabei unterstützen?
• seine Leser, Hörer und/oder Zuschauer neutral informieren	• in der Kommunikation auf werbliche Aussagen und Wertungen verzichten
• Inhalte zügig zusammentragen/schnell sein	• Inhalte zügig liefern
• Inhalte gewichten	• Issue-Management: Themen aufbereiten und gewichten
• Meinungsbildung	
• Medienrezipienten für das Thema begeistern	• PR-Inhalte so aufbereiten, dass sie auch für den Mediennutzer neu, wichtig und interessant sind

Was muss der Journalist/Redakteur für seine Leser, Hörer und/oder Zuschauer leisten?	Wie kann der PR-Schaffende den Journalisten/Redakteur dabei unterstützen?
• Zeitgeschehen dokumentieren • Rezipienten unterhalten/zerstreuen • entscheidungsrelevante Fakten und Informationen liefern (Börsenberichte etc.)	• kontinuierlich informieren

Was muss der Journalist/Redakteur gegenüber seinem Medium leisten?	Wie kann der PR-Schaffende den Journalisten/Redakteur dabei unterstützen?
• Das Medium muss sich im Konkurrenzkampf mit anderen Medien behaupten. • Das Medium muss sich verkaufen. • das Medium zu einer Marke machen bzw. mit der Art seiner Berichterstattung der Medienmarke gerecht werden • redaktionelle Berichterstattung von Werbung trennen	• den Redakteur mit exklusiven und spannenden PR-Inhalten versorgen • bei PR-Inhalten auf Relevanz für die Medienzielgruppe achten. PR nach Nachrichtenfaktoren wie Neuigkeitswert, Kuriosität, Dramatik aufbereiten • die PR möglichst nach redaktionellen Gesichtspunkten aufbereiten

Welchen Blog würden Sie lesen?

Immer wieder fragen in unserer Agentur Unternehmen an, ob wir Texte für einen Blog liefern können. Natürlich sollen die Texte günstig sein und viele Keywords enthalten. Suchmaschinenoptimierung lautet das Gebot der Stunde und das Diktat des Suchmaschinengiganten.

Für gewöhnlich fragen wir dann: Welchen Blog lesen Sie selbst? Nicht wenige lesen selbst natürlich gar keinen Blog. Die Frage muss also lauten: Wie müsste ein Blog gestaltet sein, damit er andere wirklich interessiert?

Fragen dieser Art sind auch erlaubt, wenn es um das Twittern geht. Wer Twitter nur nutzt, um auf seine Pressemeldungen zu verlinken, hat etwas falsch verstanden. Interessant wird Twitter erst dann, wenn sich beispielsweise eine Persönlichkeit pointiert mit Meinungen positioniert. Oder wenn es für Endkunden neben den Informationen einen materiellen Mehrwert gibt, zum Beispiel regelmäßige Hinweise auf Rabatte. Dann bietet Twitter einen Informationsvorsprung.

Das magische Dreieck der PR-Kommunikation

Gute Inhalte sind grundsätzlich neu, wichtig und interessant. Dabei interessiert es zunächst nicht, ob es sich um journalistische Medieninhalte oder Pressemeldungen handelt. Das Problem: Was Unternehmer, Redakteure und Medienrezipienten für neu, wichtig und interessant halten, kann ziemlich weit auseinanderliegen. Das Unternehmen, das jahrelang Herzblut in die Entwicklung eines neuen Produkts investiert hat, hält allein schon die Markteinführung für die Top-Nachricht des Tages, wenn nicht gar des Jahres. Der Redakteur sieht darin lediglich schnöde Werbung und der Leser, Zuschauer oder Zuhörer – so der Medieninhalt überhaupt gedruckt oder ausgestrahlt wird – fühlt sich persönlich nicht angesprochen.

Unternehmen, Verein, Institution

PR-Schaffender

Zielgruppe: Leser,   Multiplikator: Redakteur,
Zuhörer, Zuschauer   Journalist

Der PR-Schaffende oder eine PR-Agentur begreift sich deshalb als Mediator und zugleich Katalysator zwischen diesen divergierenden Ansichten. Ihre Aufgabe ist es, Inhalte so aufzubereiten, dass sie Auftraggeber, Redakteure und Rezipienten gleichermaßen neugierig machen. Sie suchen in den verschiedenen PR-Inhalten so lange nach den treffenden Aspekten und Aufhängern, bis alle drei Seiten des Dreiecks zufrieden sind.

Praxistipp

Der Köder sollte nicht nur dem Hecht schmecken – er muss auch dem Angler genehm sein und darf gern auch einen Zander anlocken. Bei der Positionierung von Inhalten in den Medien geht es nicht nur darum, dem Auftraggeber gerecht zu werden. Vielmehr sind auch der Redakteur und die Leser abzuholen.

Warum Pressearbeit oft scheitert

Nun haben Sie in kurzer Zeit gelernt, welche Kriterien Pressearbeit erfüllen muss, damit sie funktioniert. Dennoch schaffen es viele Unternehmen trotz des Wissens darum immer noch nicht in die Medien. Warum? Oft liegt es daran, dass viele nicht wissen, was Public Relations eigentlich bedeutet und leisten kann. Allein die Wissenschaft zählt mehr als 2.000 Erklärungsversuche. Kurzum: Jeder versteht darunter jeder etwas anderes. Das ist insofern erstaunlich, weil Unternehmen dafür viel Geld ausgeben. Allein die zehn umsatzstärksten PR-Agenturen in Deutschland erwirtschaften jährlich mehr als 200 Mio. Euro Umsatz. Unternehmen, Verbände und Institutionen überweisen pro Jahr fünf- und sechsstellige Etats, damit die Öffentlichkeit eine gute Meinung über sie hat. Nicht wenige PR-Kunden sind am Ende enttäuscht, weil das nicht so richtig klappt. Zumindest nicht mit dem Erfolg, den man sich erwünscht hat.

Der Unterschied zwischen PR und klassischer Werbung

Ein Hauptproblem bleibt oftmals die Erwartungshaltung der Auftraggeber gegenüber den PR-Treibenden. Unternehmen und Investoren verlangen der Medienarbeit nicht selten Dinge ab, die sie nicht leisten kann. Achten Sie darauf, ob sich nicht bereits im Briefing Erwartungshaltungen finden, die mit PR-Arbeit allein nicht realisierbar sind.

Die folgenden Tabellen zeigen Ihnen die Stärken und Schwächen von klassischer Werbung und PR:

Klassische Werbung kann besonders gut	PR kann besonders gut
• ein Image erzeugen • die Bekanntheit erhöhen • die Marke stärken • den Absatz direkt erhöhen • Behauptungen aufstellen • den Endverbraucher direkt ansprechen und Impulse auslösen • Emotionen erzeugen • durch Kampagnen zu einem bestimmen Zeitpunkt eine bestimmte Reichweite in einer abgesteckten Zielgruppe erreichen • kurzfristig das Handeln von Zielgruppen beeinflussen	• Glaubwürdigkeit erzeugen • die Bekanntheit erhöhen • allgemeine Marketingziele unterstützen • über Produkte und Dienstleistungen informieren/aufklären • Fakten und Daten transportieren • langfristig das Handeln von Zielgruppen beeinflussen • mit geringen finanziellen Mitteln vergleichsweise viel erreichen • Einfluss auf die öffentliche Meinung nehmen

Klassische Werbung kann eher nicht	PR kann eher nicht
• Glaubwürdigkeit vermitteln • mit geringen finanziellen Mitteln viel erreichen • Einfluss auf die öffentliche Meinung nehmen • tiefgründig informieren	• den Absatz direkt erhöhen • den exakten Zeitpunkt der Kommunikation steuern • Emotionen bei der Zielgruppe erzeugen, die dem angestrebten Markenbild und dem Absatz zuträglich sind

Achtung

Vielen ist vor allem überhaupt nicht klar, welche Kommunikationsziele es gibt. Und welche Ziele durch PR realistischerweise erreicht werden können.

PR wird nicht selten als ein Sammelsurium von Aktivitäten missverstanden. Für die einen bedeutet Public Relations (PR) die komplette Bandbreite der Öffentlichkeitsarbeit – vom Beeinflussen von Entscheidungsträgern bis zur Kommunikation mit Kunden, Mitarbeitern, Anwohnern und Journalisten.

Für die anderen ist PR vor allem DAS Instrument der Medienarbeit. Soll heißen: Über die Medien wird mit den verschiedenen Zielgruppen kommuniziert. Man will Journalisten erreichen, um anschließend bei Kunden, Lieferanten, Mitarbeitern und beispielsweise Politikern in einem günstigen Licht zu erscheinen. In diesem Buch verwende ich den Begriff genau so. Public Relations bezieht sich vorrangig auf Presse- und Medienarbeit.

Problem: Austauschbarkeit und Informationsflut

Machen wir uns nichts vor: Wir befinden uns längst in einem Zwiespalt und Bücher wie diese sind der gedruckte Beweis dafür: Immer mehr Unternehmen widmen sich der Kommunikation. Sie wissen, dass sich durch professionelle Öffentlichkeitsarbeit der Erfolg steigern lässt. Die Annahmen lauten:

Durch PR

- lässt sich die Bekanntheit des Unternehmens steigern,

- kann man eine langfristige Kundenbindung aufbauen,

- lassen sich Produkte und Dienstleistung bekannt machen,

- können Produkte und Dienstleistungen erklärt werden usw.

Diese Rechnung geht in der Praxis allerdings nicht immer auf. Denn: Mit jedem Unternehmen, das dies erkennt, steigt die allgemeine PR-Aktivität – immer mehr Unternehmen buhlen mit immer mehr Informationen um die Gunst von Redakteuren und Konsumenten.

Das Hauptproblem: Weil viele Unternehmen auf dieselben PR-Mittel und Wege setzen, befinden sie sich in einem zunehmenden Konkurrenzkampf. Doch die folgenden Fragen lassen sich bereits mit ein bisschen gesundem Menschenverstand beantworten:

- Was passiert, wenn immer mehr Unternehmen sehr ähnliche Pressemeldungen schreiben und versenden?

- Was passiert, wenn immer mehr Unternehmen sehr ähnlich bloggen?

- Was passiert, wenn immer mehr Unternehmen irgendetwas twittern?

Richtig: nichts. Die meisten werden keinen Deut stärker wahrgenommen. Es ist, als ob ein Fass voller Wasser bereits überläuft – und nun noch mehr Leute Wasser hineingießen.

Für Ihre Öffentlichkeitsarbeit stellt sich damit die Frage: Wie muss Ihr Wasser aussehen, damit es im Fass auffällt? Was wäre, wenn Sie blau oder grün gefärbtes Wasser in das Fass schütten? Oder gar Wein oder Cola? Oder noch besser: Erbsen?

Würde es sich mit dem anderen Wasser vermengen oder würden Sie in der Informationsflut oben schwimmen?

Praxistipp

Betreiben Sie PR niemals um ihrer selbst willen und weil es andere tun. Seien Sie in Ihrer Kommunikation mindestens so anders, wie Sie auch mit Ihren Produkten oder Dienstleistungen anders sind. Überlegen Sie, wie Sie sich am besten abheben können.

Es geht nicht um ein Mehr an Kommunikation. Zu oft kopieren Unternehmen Texte voneinander, um sie dann auf der eigenen Website oder in Blogs zu veröffentlichen. Das dient jedoch nicht der Suchmaschinenoptimierung. Vielmehr werden die Unternehmen austausch- und verwechselbar. Immer gleiche Textbausteine verwässern das eigene Image, anstelle dem Unternehmen ein Profil zu geben.

Auf den Punkt gebracht

- Ihre Kommunikationsaktivitäten müssen neu, wichtig und interessant sein.
- Achten Sie darauf, dass Ihre Aussagen nicht austauschbare Phrasen (Innovation etc.) sind. Kommunizieren Sie konkret.
- Versetzen Sie sich in die Lage eines Journalisten oder Redakteurs.
- Fallen Sie auf!

Mehr Sender als Empfänger

Wer nicht im Einheitsbrei untergehen möchte und an tat-
sächlicher Öffentlichkeitsarbeit und Kommunikation interessiert ist, sollte sich das altgediente Sender-Empfänger-
Modell vor Augen führen.

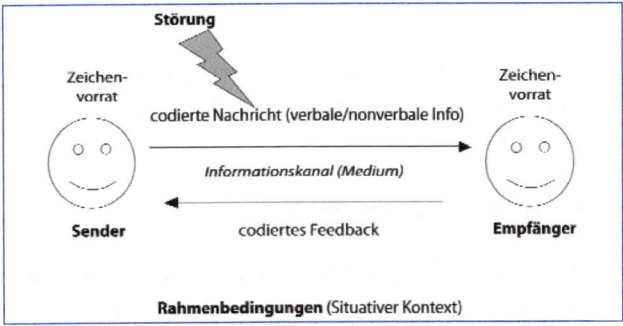

Es besagt: Der Sender – in diesem Fall beispielsweise der
PR-Schaffende – möchte etwas mitteilen und damit etwas
erreichen. Das Problem: Zwischen Sender und Empfänger
lauern einige Kommunikationsstörungen:

- „gedacht" ist nicht gesagt,
- „gesagt" ist nicht gehört,
- „gehört" ist nicht verstanden,
- „verstanden" ist nicht gewollt,
- „gewollt" ist nicht gekonnt,
- „gekonnt und gewollt" ist nicht getan,
- „getan" ist nicht beibehalten.

Das bedeutet: Jeder, der kommuniziert, sollte sich fortlaufend Gedanken machen, ob seine Nachrichten verstanden werden wollen und verstanden werden können. Genau dies ist jedoch vielen PR-Schaffenden nicht bewusst. Sie kommunizieren auf Gedeih und Verderb. Die Devise: Redakteur, friss oder stirb!

> **Achtung**
> Heute wird so viel wie nie gesendet, allerdings wird immer weniger empfangen.

Warum wollen Sie PR?

Warum wollen Sie PR-Arbeit betreiben? Auf diese Frage müssen Sie Antworten finden. Nur so können gewünschte PR-Ziele bestmöglich erreichen werden. Nur so kommt es zum steten Kommunikationsfluss zwischen Presseabteilung, Geschäftsführung und anderen Abteilungen.

Zudem schützt die Frage vor unrealistischen Erwartungen, die Öffentlichkeitsarbeit nicht leisten kann. Ziele wie beispielsweise Absatzsteigerung sowie Marken- und Imageaufbau müssen mit einem ganzen Marketingbündel erreicht werden – allen voran mit klassischer Werbung oder Online-Marketingmaßnahmen.

Hier kann PR nur flankierend wirken. Wer unrealistische Anforderungen an PR stellt, betreibt PR zwangsläufig falsch und schmälert den Erfolg deutlich.

Die folgende Checkliste unterstützt Sie dabei herauszufinden, welche Bedeutung PR-Arbeit für Sie haben kann. Achtung: Sie ist nicht abschließend!

Checkliste: Warum PR?	Mögliche Optionen
Was bedeutet PR für Sie?	• Kommunikation mit Kunden etc.
	• möglichst viele positive Veröffentlichungen
	• Maßnahmen vom Tag der offenen Tür bis zum Betriebsfest
	• ...
	• ...
Welche Ziele möchten Sie durch PR erreichen?	• Steigerung der Bekanntheit des Unternehmens/der Produkte/des Vorstandes
	• Positionierung des Unternehmens als Experte
	• Absatzsteigerung
	• Einführung eines neues Produkts/einer Dienstleistung
	• Beeinflussung der öffentlichen Meinung zu einem bestimmten Thema
	• Dokumentation einer bestimmten Position in einer Debatte
	• ...
	• ...

Checkliste: Warum PR?	Mögliche Optionen
Welche Zielgruppe möchten Sie gewinnen?	• Multiplikatoren, Politiker
	• B2B: Lieferanten, Geschäftspartner
	• BC2: Endkunden, Verbraucher, Mitarbeiter
	• ...
	• ...
In welchem Zeitraum sollen die Ziele realisiert werden?	• 3 Monate
	• 6 Monate
	• 12 Monate
	• 24 Monate
	• ...
	• ...
Werden sich die Ziele zwischenzeitlich verändern? Wie muss in der Kommunikation darauf reagiert werden?	• neue Produkte oder Dienstleistungen
	• veränderte Kundenbedürfnisse oder Anforderungen des Marktes
	• ...
	• ...
Können Sie diese Ziele messen?	• Zugriffszahlen auf Website
	• Veröffentlichungen in Medien (Clippings)
	• erhöhte Nachfrage, Absatzsteigerung
	• ...

Mit dem richtigen Grundverständnis zum PR-Erfolg

Lange Zeit wurde Öffentlichkeitsarbeit ausschließlich als Feld des Marketings gesehen. Neben Dialogmarketing oder klassischer Imagewerbung durch Anzeigen und Werbespots galt PR als Möglichkeit, Unternehmensinhalte und Meinungen glaubwürdig darzustellen.

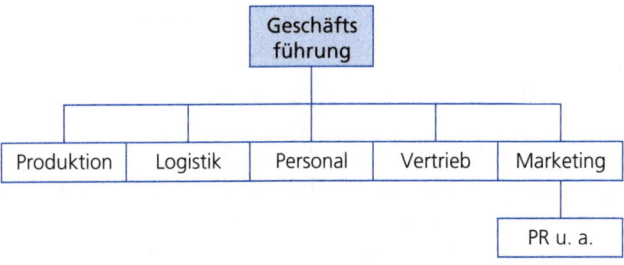

„In den vergangenen Jahren hat sich die Sichtweise über die PR jedoch geändert", sagt Martin Fiedler, PR-Stratege in München. Ein Grund: Früher hatten Unternehmen mit PR vor allem Kunden und potenzielle Kunden im Blick. Inzwischen haben die Unternehmen jedoch gelernt, dass es viel mehr Zielgruppen gibt (siehe Grafik unten), mit denen sie kontinuierlich kommunizieren müssen – zum Beispiel, um neue Mitarbeiter zu gewinnen oder Vertrauen bei Banken und Zulieferern zu schaffen. Journalisten nehmen dabei eine Schlüsselposition ein, weil über sie die Medien zum Multiplikator werden. Das begründet die gewachsene Rolle der PR im Unternehmen.

Der Paradigmenwechsel hängt also nicht damit zusammen, dass die Möglichkeiten der Öffentlichkeitsarbeit heute besser erkannt werden als vor fünf oder 20 Jahren. Vielmehr haben Unternehmen erkannt, dass sich Leistung und Möglichkeiten der PR verbessern, wenn die Abteilung in der Unternehmensstruktur näher an die Geschäftsführung rückt. Kommunikationsziele gehen oft Hand in Hand mit strategischen Überlegungen. Und: Eine Strategie kann nur erfolgreich umgesetzt werden, wenn die Kommunikationsverantwortlichen die richtigen Weichen stellen.

Der Stellenwert der PR im Unternehmen

Stellen Sie sich die Frage, wo Sie die Öffentlichkeitsarbeit in Ihrem Unternehmen sehen. Fest steht: Je näher die Anbindung der PR-Abteilung an die Geschäftsführung, desto schneller und effizienter können Inhalte entwickelt und ausgetauscht werden (siehe Grafik).

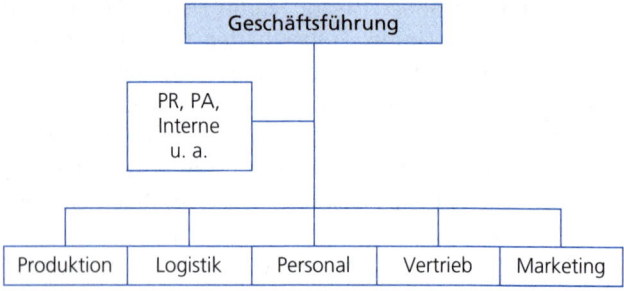

PR als Kern sämtlicher Kommunikation

Wie unten stehende Grafik verdeutlicht, empfiehlt sich das Andocken der Kommunikationsabteilung an die Geschäftsführung noch aus einem anderen Grund. PR ist als ganzheitliche Kommunikation mit sämtlichen Betroffenen (sog. Stakeholdern) zu begreifen. Wenn die Geschäftsführung die gesamte Unternehmenskommunikation steuern und bestmöglich gestalten möchte, sollten die Kommunikationsinhalte der Fachabteilungen über die PR beeinflusst werden. Das bedeutet:

- Die Personalabteilung (HR) kommuniziert mit potenziellen Bewerbern und repräsentiert das Unternehmen als Arbeitgeber.

- Der Einkauf wird von B2B-Stakeholdern wie Lieferanten oder Geschäftspartnern medial wahrgenommen.

- Konsumenten erhalten das Unternehmensbild über die Aktivitäten, die Marketing und Vertrieb steuern.

Sie sehen: An diesen Schnittstellen zu den Stakeholdern findet eine permanente Kommunikation statt. Wenn Vertrieb und Einkauf gegen die Kommunikationsziele agieren, wird der Erfolg der Öffentlichkeitsarbeit geschmälert. Schlimmstenfalls erhalten Konsumenten ein verzerrtes Bild, wenn beispielsweise die PR-Abteilung eines Unternehmens Nachhaltigkeit propagiert und die grüne Welle ausruft und der Vertrieb im Kundenkontakt ausschließlich auf kurzfristige Erfolge setzt.

Eine authentische und nachvollziehbare Kommunikation ist allein deshalb von Bedeutung, weil unabhängig von der Geschäftsführung und der Kommunikationsabteilung viele

Mitarbeiter mit Außenstehenden kommunizieren. Das verdeutlicht die nachfolgende Grafik.

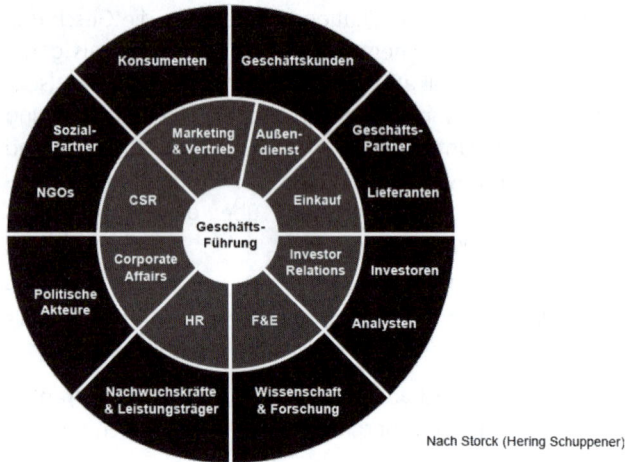

Nach Storck (Hering Schuppener)

Ermitteln Sie Ihren Kommunikationsbedarf

Es gibt mehr zu kommunizieren, als Sie denken. Wie die Grafik gezeigt hat, steht das Unternehmen mit vielen Stakeholdern in Kontakt. Es gibt viele Zielgruppen, die mit verschiedenen Medien und Instrumenten erreicht werden können. Nicht selten verselbstständigen sich gerade in großen Unternehmen die Medien und Inhalte. Zeit für eine Bestandsaufnahme. Das folgende Instrument gibt Ihnen ein Modell für die Bestimmung Ihrer Zielgruppen und Medien an die Hand. Mit einfachen Schritten können Sie so in kurzer Zeit die Basis eines künftigen Kommunikationskonzepts schaffen.

Die Tabelle zeigt Ihnen beispielhaft den Kommunikationsbedarf für eine Hochschule. Beim ersten Nachdenken fallen Ihnen vielleicht nur potenzielle Studenten und Studenten ein, die über die Jugendmagazine erreicht werden können. Tatsächlich gilt es jedoch, viel mehr „Betroffene" anzusprechen. Auch die Kommunikationswege sind vielfältig. Vom eigenen Internetauftritt über offene Seminare bis hin zu Mailings, Pressemeldungen, Newslettern oder Produktbroschüren.

Kommunikations- mittel / Zielgruppe	Homepage	Intranet	Image- broschüre	Flyer	Messen	usw.
Studenten						
Eltern der Studenten						
Potenzielle Studenten						
Freie Dozenten						
Abiturienten						
Stadt						
Bewohner der Stadt						
Unternehmen wegen Praktika						
Medienvertreter						
Alumni						
Punkte Gesamt:						

Gewichten Sie den Kommunikationsbedarf

Nachdem Sie nun eine ähnliche Matrix für Ihren Kommunikationsbedarf angefertigt haben, kreuzen Sie an, welche Zielgruppe Sie wie erreichen – und welche Priorität dies für Sie hat. Vergeben Sie für eine hohe Priorität zwei Punkte und für eine niedrige Wichtigkeit einen Punkt. Wenn Sie eine Zielgruppe durch ein Kommunikationsmittel nicht erreichen, tragen Sie eine „0" ein.

Kommunikations- mittel / Zielgruppe	Homepage	Intranet	Image- broschüre	Flyer	Messen	usw.
Studenten	2	2	2	1	2	
Eltern der Studenten	1	0	1	1	0	
Potenzielle Studenten	2	0	2	1	2	
Freie Dozenten	1	2	2	0	0	
Abiturienten	1	0	2	1	2	
Stadt	0	0	0	0	0	
Bewohner der Stadt	2	0	1	1	0	
Unternehmen wegen Praktika	0	0	0	0	2	
Medienvertreter	2	0	2	0	1	
Alumni	2	2	0	0	0	
…						
Punkte Gesamt:	**13**	**6**	**12**	**5**	**9**	

Wie Sie sehen, verschafft Ihnen die Bestandsaufnahme nicht nur einen Überblick, an welchen Stellen kommuniziert wird. Sie bewahrt Sie vor allem davor, in nur scheinbar wichtige Instrumente zu viel Zeit oder Geld zu investieren. In diesem Beispiel genießen Homepage und Imagebroschüre die höchste Priorität.

Expertentipp von Martin Fiedler, PR-Stratege:

Fertigen Sie eine solche Kommunikationsmatrix nicht nur einmal an, sondern immer im Zusammenhang mit der jährlichen Unternehmensplanung. Das hilft Ihnen, Ihr Kommunikationsbudget zielgerichtet einzusetzen. Wenn Sie Ihre Kommunikationsziele stets konsequent aus den Unternehmenszielen ableiten, werden Sie immer die richtigen Schwerpunkte setzen, wenn es um die Bestimmung der jeweils wichtigsten Zielgruppen geht – und um die Wege, auf denen man diese Zielgruppen am wirkungsvollsten erreicht.

Schrecken Sie in diesem Zusammenhang nicht davor zurück, im Hinblick auf veränderte Schwerpunktsetzungen etablierte Abläufe und Zuständigkeiten im Rahmen Ihrer Kommunikationsarbeit infrage zu stellen. So verhindern Sie das Entstehen von Strukturen, die sich vor allem selbst verwalten.

Sinn und Erfolg von Kommunikationsmaßnahmen können nur daran gemessen werden, ob sie den Kommunikationsbedürfnissen der Zielgruppen gerecht werden und wie sie deren Einstellungen und Handlungen beeinflussen – und nicht daran, ob sie zu den existierenden Abläufen in Ihrer Kommunikationsabteilung passen.

Kommunikation nach dem Baukastenprinzip

Wer Kommunikationsinhalte nach dem Baukastenprinzip begreift, schafft Synergien, weil beispielsweise Texte, Grafiken und Bilder in an die jeweiligen Zielgruppen angepasster Form wiederverwendet werden können.

Der Vorteil: Die Kernbotschaften sind identisch und stringent. Die Zielgruppen werden aus einem Guss angesprochen. Vor allem lassen sich jedoch Inhalte besser kontrollieren, weil nicht jede Abteilung ihr eigenes Süppchen kocht.

Jede Pressemeldung und jedes PR-Statement besteht aus Textstücken, die in der übrigen Kundenkommunikation eingesetzt werden können. Warum sollte der Vertrieb für ein Anschreiben oder für ein Mailing Texte immer wieder neu erfinden, wenn diese Textstücke bereits fehlerfrei und gut ausformuliert in der Kommunikationsabteilung vorliegen?

Ihr Weg in die Medien: Gute Ideen und Inhalte

Pressearbeit ist eigentlich ganz einfach und funktioniert immer nach ähnlichem Muster.

Von der Idee ins Medium

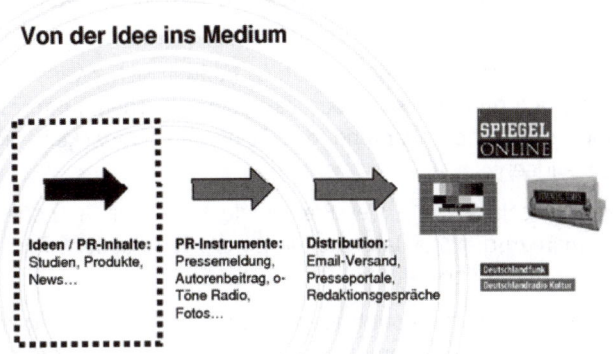

Ideen / PR-Inhalte: Studien, Produkte, News…

PR-Instrumente: Pressemeldung, Autorenbeitrag, o-Töne Radio, Fotos…

Distribution: Email-Versand, Presseportale, Redaktionsgespräche

Auf den nächsten Seiten sollen Sie lernen, PR-Inhalte strategisch zu entwickeln. Eine wichtige Voraussetzung dafür sind ein ausführliches Briefing und eine weitreichende Situationsanalyse.

Das Briefing

Stellen Sie sich vor: Sie haben sich gerade mit einer kleinen PR-Agentur selbstständig gemacht und erhalten Ihren ersten PR-Auftrag. Ein Friseur ruft bei Ihnen an und erkundigt sich nach einer 12-monatigen PR-Betreuung. Der Friseur hat folgende drei Ziele:

1. trotz der neuesten Preiserhöhung die Zahl seiner Kunden beizubehalten,

2. sein Geschäft „Schnittstelle" als Trendsetter in puncto Haarpracht zu etablieren und

3. den Abverkauf von Produkten an bestehende Kunden zu stärken.

Sie freuen sich über den Anruf. Es handelt sich zwar nicht um einen großen Fisch, aber Sie finden das Thema interessant und schon während des Telefonats entwickeln Sie erste Ideen:

- Sie schlagen ihm vier Pressemeldungen vor, in denen man zu den vier Jahreszeiten jeweils verschiedene Frisurentrends vorstellt.

- Als Trendsetter könnte der Friseur zudem auch mit dem angesagtesten Klamottengeschäft der Stadt eine kleine Modenschau veranstalten, vor der der Schnittmeister als Hairdresser die Models frisiert – ganz wie in Paris! Sie freuen sich über Ihre Eventidee, über die die Presse sicher berichten wird. Auch der Friseur ist begeistert und hat die Headlines schon vor dem Auge: „Schnittstelle über Paris: Friseurmeister Kurz holt Trends in die City". Entwerfen Sie selbst ebenfalls drei alternative Überschriften!

- Sie ersinnen – angeregt von dem fruchtbaren Telefonat – fünf Pressemeldungen zum Thema Haarpflege, da schließlich der Produktverkauf angekurbelt werden soll!

Zum Ende des Telefonats vereinbaren Sie noch einen Termin für die Vertragsunterzeichnung.

Alles perfekt? Ja und nein. Es ist davon auszugehen, dass Ihre PR-Aktivitäten nach der praktischen Vorstellung „PR ist, wenn am Ende Medien darüber berichten" einige Früchte tragen. Allerdings stellt sich die Frage, ob am PR-Baum erstens die bestellten Äpfel, Pflaumen und Birnen hängen. Und zweitens bleibt offen, ob es sich bei den Früchten um jene Sorten handelt, die auch der Zielgruppe des Barbiers schmecken. Damit der Baum der Kommunikationserkenntnis also am Ende leergefuttert ist, kommen Sie um ein etwas ausführlicheres Briefing nicht herum. Das Briefing bildet die Basis für die Konzeption und spätere Umsetzung.

Briefingbogen/Briefing-Fragen

Egal, ob Sie selbst PR betreiben wollen oder eine PR-Agentur beauftragen möchten: Die nachfolgenden Briefing-Fragen helfen Ihnen dabei, sich ein Bild vom Status der PR-Arbeit zu machen und Ziele abzustecken. Erarbeiten Sie Antworten auf die folgenden Fragen!

Bestandsaufnahme – Allgemeines

- *Bestehen Kontakte zu Multiplikatoren – und wenn ja, zu welchen?*
- *Wie beurteilen Sie die Öffentlichkeitsarbeit des Wettbewerbs?*
- *Welche finanziellen und personellen Mittel stehen für PR zur Verfügung?*
- *Wann soll die PR-Arbeit starten?*

Bestandsaufnahme – Kommunikationssituation

- *Wie ist der Status quo im Unternehmen/in der Institution in Sachen PR-Arbeit?*
- *Intern: Welches Bild haben die Mitarbeiter vom Unternehmen?*
- *Extern: Welches Image hat das Unternehmen?*
- *In welchem globalen Kontext befindet sich die Kommunikation?*

Erwartungen

- *Warum soll PR-Arbeit betrieben werden?*
- *Welche Kommunikationsziele werden in den nächsten 6, 12 bzw. 24 Monaten verfolgt?*
- *Welche Zielgruppen sollen angesprochen werden?*

Botschaften

- *Wodurch unterscheiden sich die Produkte/Dienstleistungen vom Wettbewerb?*
- *In welche übrigen Marketingmaßnahmen ist die PR eingebettet? (Bzw.: Welche sonstigen Marketingmaßnahmen betreibt der Auftraggeber/das Unternehmen mit welchem Ziel?)*
- *Welche Probleme könnten auftreten? (Wo ist der Auftraggeber/das Unternehmen angreifbar?)*

Die Situationsanalyse

An dieser Stelle sei darauf hingewiesen, dass die Bestandsaufnahme zu Beginn des Briefing-Prozesses von enormer Wichtigkeit ist. Eine gründliche Bestandsaufnahme bzw. Situationsanalyse bewahrt Sie davor, PR aus dem Elfenbeinturm an den Zielgruppen vorbei zu betreiben. Überlegen Sie daher genau, wie und wo Sie verfügbare Informationen erhalten können.

Achtung

Quellen sind die Website des Unternehmens, Protokolle, Branchenberichte, Gespräche mit Mitarbeitern, Gespräche mit der Zielgruppe, existierende Medienberichte usw.

Überlegen Sie darüber hinaus, wo Sie Informationen über das Eigen- und Fremdbild erhalten können. Es ist wichtig, dass Sie das Unternehmen aus verschiedenen Blickwinkeln erfassen und später analysieren. Stellen Sie sich vor, das Bild des Unternehmens in der Öffentlichkeit wäre ein völlig anderes als das Eigenbild: Sämtliche Medienarbeit würde ins Leere laufen, weil sie auf falschen Annahmen basiert. PR darf zwar durchaus auf Hypothesen zur PR-Kommunikation aufbauen, aber die Fakten, wie es um die Kommunikation bestellt ist, müssen stimmen. Sammeln Sie Fakten!

Wer für ein Unternehmen sprechen möchte, muss es verstehen. Daher ist es unabdingbar, in die Materie des Auftraggebers einzusteigen. Die Situationsanalyse war der erste Schritt. Im nächsten müssen Sie das Unternehmen erkunden:

• Lassen Sie sich durch das Werk oder Unternehmen führen!

- Sprechen Sie mit Angestellten aus verschiedenen Bereichen!

- Interviewen Sie den Vertrieb bzw. Menschen, die das Produkt oder die Dienstleistung des Unternehmens an Kunden verkaufen!

Während dieser Gespräche müssen Sie eine Brille aufsetzen: die USP-Brille. USP steht für „Unique Selling Proposition" – das Alleinstellungsmerkmal, das das Unternehmen oder Produkt einzigartig macht. Versuchen Sie herauszufinden, was das Unternehmen besonders macht. Diese Besonderheiten müssen Sie in der Kommunikation erlebbar und erfahrbar machen. Nur so gelingt es dauerhaft, den Auftraggeber/das Unternehmen in der allgemeinen Kommunikationsflut von der Konkurrenz abzuheben.

Informationsflüsse erkennen und nutzen

Wer gute Medienarbeit machen möchte, muss das Unternehmen verstehen. Das geht allerdings schlecht vom Schreibtisch aus, wie es immer mehr Kommunikatoren versuchen. Vor allem die Suchmaschinen haben sie träge gemacht. Wer Informationen zum neuen Notargesetz benötigt, sucht im Internet. Wer Fakten zum neuen Elektroauto braucht, sucht im Internet. Wer die neuesten Frisurentrends ausfindig machen möchte, sucht im Internet. Gegen diese Art des Suchens ist zunächst erst einmal nichts einzuwenden, wenn

1. die Internetsuche eine Ergänzung darstellt und

2. wenn andere Unternehmen nicht denselben Weg wählen und alle dieselben Inhalte transportieren.

Achtung

Handhaben Sie die Medienarbeit wie ein Journalist. Suchen Sie nicht an der Oberfläche, sondern recherchieren Sie in die Tiefe!

„Niemals war eine solche Fülle an Informationen für den Einzelnen verfügbar – und nie zuvor konnte man sich weniger sicher sein, über die richtigen zu verfügen", schreibt der Autor Norbert Schulz-Brudoel in seiner „PR- und Pressefibel" und trifft den Nagel auf den Kopf. Zwingen Sie sich, Informationen an der Basis und an mehreren Quellen zu sammeln.

Identifizieren Sie Informationsquellen:

- Welche Quellen für PR-Inhalte gibt es (Personen, Abteilungen, Datenquellen, Statistiken, Marktdaten)?

- Welche Informationen lassen sich aus der und über die Zielgruppe gewinnen?

- Gibt es Anlässe für PR – und wenn ja, welche (Produktneuheiten, Unternehmensnachrichten, Kooperationen etc.)?

- Sehen Sie selbst externe Anlässe für PR – und wenn ja, welche (politische Vorgaben, aktuelle Entwicklungen auf Ihrem Markt etc.)?

Erschließen und koordinieren Sie Informationsquellen:

- Wie sind die internen Kommunikationsflüsse – und wie und wo können Sie andocken?

- Welche internen Fakten etwa aus Statistiken oder Vertriebszahlen lassen sich so in PR-Inhalte umarbeiten, dass Kommunikationsziele erreicht werden?

- Wer ist in Abstimmungsprozesse involviert?

- Welche Person im Unternehmen kann wie viel Zeit/Ressourcen für die Abstimmung mit der PR-Agentur aufbringen?

- Wer ist Zitatgeber?

- Wie können Sie sicherstellen, dass Sie künftig von der Basis über Neuerungen oder Trends am Markt informiert werden?

> **Achtung**
>
> Studieren Sie das Unternehmen, für das Sie Medienarbeit betreiben wollen, von innen und außen. Lassen Sie sich die verschiedenen Prozesse vor Ort erklären. Nur so können Sie kritische Themen erkennen, auf die Journalisten später stoßen würden.

Key Messages und Aufhänger

Nun beginnt für Sie als PR-Schaffender die Transferleistung. Sie müssen das Unternehmen kommunikativ authentisch transportieren und gleichzeitig bei der Zielgruppe die gesteckten Kommunikationsziele verankern. Sie müssen Schlüsselinhalte identifizieren, mit denen sich die Kommunikationsziele erreichen lassen.

Folgende Fragestellungen helfen Ihnen dabei:

- Welche Besonderheiten bietet das Unternehmen/seine Dienstleistungen?

- Worin unterscheidet es sich von der Konkurrenz?

- Können Sie Thesen über das Kommunikationsthema bzw. den jeweiligen Markt formulieren?

Arbeiten Sie basierend auf den Thesen und Aussagen rund ein bis drei Sätze heraus, die sich künftig wie ein genetischer Code durch Ihre PR-Arbeit ziehen und von denen Sie PR-Inhalte ableiten können.

Unser Beispielsfall: Der Friseur

Die Situationsanalyse im Friseurgeschäft hat ergeben, dass Kunden den Barber vor allem für sein handwerkliches Geschick und seine Diskretion schätzen. Zudem ist der Friseurladen über die Jahre zu einer Institution geworden, für die man gerne etwas mehr zahlt. Kurz gesagt, der Friseur steht für Qualität. Ableitend von dieser Schlüsselaussage müssten Sie nun versuchen, die anfangs gesteckten Kommunikationsziele wie Steigerung des Abverkaufs, Etablierung als Trendsetter oder das Akzeptieren der Preiserhöhung kommunikativ umzusetzen. Auf den nachfolgenden Seiten werden Möglichkeiten gezeigt, wie Sie rund um die Key Messages systematisch PR-Inhalte entwickeln können.

Die Rolle der Nachrichtenfaktoren

Warum klicken auf Youtube in wenigen Tagen mehr als 30 Millionen Nutzer das Video des schlafenden Teenagers Justin Bieber an? Weshalb wird über einen Ehemann berichtet, der auf der Hochzeitsreise seine frisch Angetraute an der Tankstelle vergisst? Weshalb stürzten sich die Medien im Herbst 2013 auf den Start der Markttransparenzstelle für Kraftstoffe?

Ganz einfach: Justin Bieber ist ein Prominenter und vom Video erhofften sich viele junge weibliche Mediennutzer das, was einige Tage später die ganze Welt von der lateinamerikanischen Dame erfahren durften, die das Video nach einer Nacht mit dem kleinen Bieber gedreht und ins Netz gestellt hatte – Informationen über die Manneskraft und die Ausstattung des Kanadiers. Über die vergessene Ehefrau wurde berichtet, weil es kurios ist. Und die sogenannte Benzinpreis-App erregte Aufmerksamkeit, weil sie viele Autofahrer betrifft.

Die Nachrichtenbeispiele wurden zu Nachrichten, weil sie Nachrichtenfaktoren bedienen. Zugegeben: Allein der Begriff scheint antiquiert, stammt er doch aus den späten 60er-Jahren des vergangenen Jahrtausends. Allerdings sind Nachrichtenfaktoren gerade in der heutigen Informationsflut aktueller denn je.

Achtung

Der **Nachrichtenwert** entscheidet als ein Einflussfaktor, welche Nachricht in den Massenmedien erscheint, ob sie berichtenswert ist, in welchem Umfang und in welcher Aufmachung. Nachrichtenwertfaktoren stehen gleichermaßen für Relevanz und dienen Journalisten als Aufhänger für die Berichterstattung.

Egal ob Sie eine Pressekonferenz planen oder einen Pressetext verfassen wollen: Klopfen Sie den Inhalt auf die Nachrichtenfaktoren ab. Es sind genau jene nachfolgenden Eigenschaften, die Kommunikation interessant machen. Laut Wissenschaft steigt die Veröffentlichungschance, je mehr Nachrichtenfaktoren getroffen werden.

Diese Nachrichtenfaktoren sollten Ihre Inhalte enthalten:

* Neuigkeit
* Nähe
* Tragweite
* Prominenz
* Dramatik

* Kuriosität
* Konflikt
* Sex
* Gefühle
* Fortschritt

Achtung

So theoretisch diese Eigenschaften auf Sie wirken mögen – sie sind ein wichtiger Schlüssel zum Erfolg. Sie entscheiden, ob Inhalte von Belang sind.

Ich möchte die Reihe um einen weiteren Faktor ergänzen: **Interaktionspotenzial**. Gemeint ist die Frage, wie sehr ein Inhalt zum Dialog einlädt oder Aktionen provoziert. Gerade die neuen technischen Möglichkeiten des Internets erlauben es heute den Rezipienten, direkt Feedback zu geben. Inhalte können dadurch regelrecht lebendig werden – wenn sie das Potenzial dazu haben.

Das richtige Themenmanagement

Jetzt haben Sie gelernt, welche Inhalte interessant sind und wie Sie Inhalte gegebenenfalls interessanter machen. Sie wissen, wie Redakteure meistens ticken und welche Regeln Sie beachten müssen, um Medienarbeit erfolgreich zu betreiben. Nun geht es um die Frage, mit welchen Themen Ihr Unternehmen oder Sie selbst als Person insgesamt wahrgenommen werden wollen. Woran sollen Ihre Zielgruppen denken, wenn Sie den Namen Ihres Vereins, Ihrer Institution oder Ihres Unternehmens hören? Natürlich hängt die Themenwahl grundsätzlich von Ihren Kommunikationszielen ab.

Wie mehrfach erläutert, entscheiden Art, Vielfalt und Qualität der Inhalte über den Erfolg der Medienarbeit. Stellen Sie sich zum Beispiel ein Unternehmen vor, das Baukredite vermittelt. Mit welchen Themen könnte der Anbieter in der Presse von sich reden machen?

Beim Stichwort Pressearbeit denken viele zunächst an das Verbreiten von Erfolgsmeldungen oder daran, zunächst die Neuartigkeit einer Dienstleistung zu beschreiben. Im konkreten Beispiel könnten typische PR-Inhalte also lauten *„Baugeldvermittler suchen für Bauherren günstige Kredite heraus"* oder *„Immer mehr Häuslekäufer setzen auf Baugeldvermittler"*. Das ist richtig – aber nur ein Teil der Miete.

Ein Unternehmen soll in der Regel ganzheitlich wahrgenommen werden – und nicht nur auf einem Gebiet. Daher muss schon bei der Produktion und Verbreitung von PR darauf geachtet werden, dass verschiedene Themen bedient werden.

Mit ein bisschen Nachdenken fallen jedem sicher noch ein
paar mehr Themen ein, die besetzt werden können:

- **Corporate-Meldungen:** Unternehmen kooperiert mit
  XY, Unternehmen gewinnt neuen Kunden, Umsatzzah-
  len, Jahreszahlen

- **Ratgeber-Meldungen:** Unternehmen XY rät dazu, ...,
  Verein YZ empfiehlt, Jahresabos genau zu prüfen

- **Produkt-PR:** Unternehmen XY bringt neues Produkt auf
  den Markt

- **Personality-PR:** Pressearbeit für den Vorstand oder
  Künstler etc.

Stichwort „generische Themenbesetzung"

„Generische Themenbesetzung" bedeutet, das zu kommu-
nizierende Thema von einer Metaebene aus anzugehen.
Beim Thema „Hybridmotoren" in der Autobranche beispielsweise würde ein Hersteller nicht über sein eigenes
Hybrid-Modell sprechen – sondern die gesamte Technik in
den Vordergrund stellen. Es geht um die übergeordnete
Kategorie.

Diese Vorgehensweise macht vor allem dann Sinn, wenn
man selbst Vorreiter auf dem Gebiet ist und es ohnehin
keine Produktalternativen anderer Hersteller gibt. Durch ein
bisschen Nachdenken gelingt es fast immer, ein Thema von
seinem Oberbegriff aus anzugehen.

Kommunizieren Sie generisch über Gattungen und Trends

- **Nicht:** Das neue XY-Handy. **Sondern:** Smartphones immer gefragter (wenn XY-Handy ein Smartphone ist).

- **Nicht:** Das XY-Festival ist das beste. **Sondern:** Die Zeit der Sommerfestivals beginnt (wenn XY-Festival ein Sommerfestival ist).

- **Nicht:** Sonnencreme XY für empfindliche Haut. **Sondern:** Physikalische Sonnencremes bei empfindlicher Haut oft sinnvoll (wenn XY-Sonnencreme eine physikalische Sonnencreme ist).

Beispiele für generische Themenbesetzung

Ein Hersteller kommuniziert nicht die Vorzüge eines bestimmtes Produkts, sondern einer Produktkategorie. Während das bestimmte Produkt meist einen Markennamen hat, gibt es für die Produktkategorie meist einen neutralen Gattungsbegriff.

„Immobilienkäufer sollten im Zinshoch auf variable Darlehen setzen." Diese generische Themenbesetzung hat bessere Veröffentlichungschancen als: „Immobilienkäufer sollten im Zinstief auf das Flexdarlehen von XY setzen." Denn: Beim Flexdarlehen muss der Redakteur einen Produktnamen nennen. Da das Flexdarlehen jedoch ein variables Darlehen ist und der Firmenname im Text dennoch genannt wird, profitiert das Unternehmen auch bei der generischen Themenbesetzung.

Die Studie als Impulsgeber für Themen

Sie haben nun schon mehrfach gelesen, dass PR-Inhalte neu, wichtig und interessant sein sollen – und zwar nicht nur für Sie und Ihr Unternehmen, sondern vor allem für Redakteure und Medienkonsumenten. Um ein Gespür für diese Anforderung zu erhalten, soll hier die Studie als ein Instrument vorgestellt werden, um eben solche PR-Inhalte zu generieren.

Fakten, Fakten, Fakten: Journalisten lieben Fakten nicht erst seit Focus-Chef Helmut Markwort. Zahlen und Daten sind seit jeher Kernstück der Berichterstattung. Schließlich sind Zahlen messbar. Zwar sagte schon Churchill, er traue keiner Statistik, die er nicht selbst gefälscht habe. Dennoch besitzen Zahlen im Vergleich zu schwammigen Aussagen und vollmundigen Phrasen den Vorteil, dass sie konkret und vergleichbar sind. Der Satz „Das Unternehmen steigerte seinen Gewinn um 25 Prozent auf 2,5 Milliarden Euro" ist aussagekräftiger als „Das Unternehmen steigerte seinen Gewinn und erwartet deutliche Mehreinnahmen."

So weit, so gut. Allerdings tun sich viele Unternehmen bei der Kommunikation von Zahlen schwer. Wenn es der Kapitalmarkt nicht verlangt, halten sie sich zurück, weil sie nicht selten Konkurrenz oder Neid fürchten.

Studien und Umfragen bieten aber auch andere Möglichkeiten, Journalisten mit Daten und Fakten zu versorgen.

Trendstudie als Themengenerator

Der Immobilien- und Finanzierungsvermittler PlanetHome AG setzt seit mehreren Jahren erfolgreich auf eine eigene Trendstudie. Einmal im Jahr werden in der Studie Verbrauchereinstellungen rund ums Thema Immobilien abgefragt.

Das Spektrum reicht von Fach- bis hin zu Boulevardthemen. „Brad Pitt oder George Clooney: Wer wäre Ihr Lieblingsnachbar?", „Wie wichtig ist Ihnen der Energiepass beim Immobilienkauf? „Auf welche Faktoren achten Sie beim Immobilienkauf?". Diese und andere Fragen werden Teilnehmern in einem Online-Fragebogen gestellt. Am Ende entwickelt das Unternehmen aus den gewonnenen Fakten zahlreiche Pressemeldungen, die über das Jahr hinweg schrittweise veröffentlicht werden.

Mit Erfolg: Die Trendstudie schafft es regelmäßig in große überregionale Zeitungen wie die Frankfurter Allgemeine Sonntagszeitung sowie in unzählige Medien. Pro Jahr summiert sich der durch diese PR initiierte Anzeigenäquivalenzwert auf mehr als 100.000 Euro – und ist damit ein Vielfaches der eigentlichen Studienkosten. Die Ausgaben für eine Studie sind also eine sinnvolle Investition, die sich bezahlt macht.

Auch andere Unternehmen haben Studien und Umfragen unabhängig von ihrer Größe und Branche zu einem festen Bestandteil ihrer Medienarbeit gemacht. Aus gutem Grund: Die gewonnenen Ergebnisse sind werbe- und wertungsfrei. Das Unternehmen fungiert als Experte, der die Zahlen erhoben hat. Zudem können PR-Inhalte mit den erhobenen Fakten verbunden werden, wenn beispielsweise einem Studienergebnis ein wertendes Zitat folgt.

Beispiel

50 Prozent aller Deutschen möchten Medikamente ohne Nebenwirkungen. Laut der Pharmatoll AG können diese Anforderungen jedoch selten erfüllt werden, weil dann auch die gewünschte Wirkung leiden würde.

So erheben Sie relevante Studiendaten

Wie eingangs erwähnt, sollte niemals die Unternehmensabsicht allein der Initiator für eine Umfrage sein. Eine Studie, die herausfindet, dass Socken der Marke Y beliebter sind als Socken der Marke Z, wird kein Redakteur aufgreifen. Das gilt erst recht, wenn Unternehmen Y Auftraggeber der Studie gewesen ist. Ergebnisse, in denen es vordergründig um Unternehmenswerte, -produkte oder -beliebtheit geht, dienen lediglich der Geschäftsführung zum Tapezieren ihrer Büroräume.

Achtung

Also nicht: Was interessiert Sie als Unternehmen? Sondern: Was interessiert Sie als Mensch?

Gefragt sind Erhebungen zu Verbrauchereinstellungen und Meinungen, die neu, wichtig und interessant sind. Für den Sockenhersteller ergeben sich unzählige Möglichkeiten für eine Studie, zum Beispiel: „Welche Lieblingssockenfarbe haben die Deutschen?" Oder Umfragen, die folgende Aussagen möglich machen: „Deutsche tragen nicht aus Geiz löchrige Socken, sondern weil sie den regelmäßigen Sockenkauf vergessen." Oder: „Immer weniger Deutsche können Socken stopfen." Solche Aussagen lassen sich wiederum mit PR-Inhalten aufwerten. Beispiel: Deutsche lieben laut Umfrage braune Socken – doch diese Farbe passt laut Stilikone Wilfried Meier, Geschäftsführer des Unternehmens Y, nicht zu schwarzen Anzügen.

> **Achtung**
> Studienergebnisse sollten den Lesern einen Mehr- und Nutzwert bieten oder zumindest unterhalten.

Studienart und Datenerhebung

Ob Sie sich für eine qualitative Studie entscheiden oder für eine quantitative, hängt von Ihren Zielen und vom Budget ab. Qualitative Studien in Form fragebogengestützter Tiefen- oder Gruppeninterviews bieten zumeist einen guten Zugang zu neuen Themen. Wenn Sie gar nicht wissen, zu welchen Themen Sie eine Studie durchführen könnten, hilft eine Gruppendiskussion mit verschiedenen Teilnehmern, schnell unterschiedliche Meinungen zusammenzutragen. Basierend darauf können Einzelinterviews oder eine quantitative Erhebung folgen.

Bei der quantitativen Erhebung versuchen Sie, anhand großer Fallzahlen Vermutungen oder Thesen zu untermauern oder zu widerlegen. Quantitative Studien lassen sich bevorzugt online oder per Telefon (sogenannte CATI-Verfahren) durchführen. Ebenso möglich ist ein Mix aus beiden.

Um Studienteilnehmer zu gewinnen, gibt es verschiedene Möglichkeiten – je nachdem, wie repräsentativ die Umfrage sein soll:

- Professionelle Studienanbieter rekrutieren Teilnehmer teilweise über Online-Panels. Dies ermöglicht mitunter repräsentative Daten.

- Wesentlich kostengünstiger, aber wissenschaftlich nicht haltbar, ist das Gewinnen von Studienteilnehmern über eigene Mailverteiler oder Aufrufe in Netzwerken wie XING oder Facebook.

Praxistipp

Mittlerweile gibt es eine Vielzahl von Onlinetools, um Studien selbst durchzuführen. Hier kann man die Fragebögen einfach selbst anlegen. Empfehlenswert ist beispielsweise www.limesurvey.org.

Repräsentativität oder Menge?

Sicher, die Ergebnisse einer repräsentativen Erhebung zu veröffentlichen, ist für den Redakteur um einiges reizvoller als eine Befragung unter 15 zufällig ausgewählten Passanten. Dennoch muss die Messlatte für eine PR-Studie nicht zu hoch gelegt werden.

Wichtiger ist, dass Sie die Studie sauber und nachvollziehbar durchführen. Die Ergebnisse müssen ehrlich sein. Ebenso angebracht sind regelmäßige Erhebungen. Kontinuierliche Befragungen erlauben es, aus Ergebnissen Trends abzuleiten. Zudem gewöhnen sich Journalisten an den Zahlenfluss.

Bei der Fallzahl scheiden sich die Geister. Bei der Deutschen-Presseagentur (dpa) berichtet man zum Beispiel ausschließlich über Studien mit mehr als 500 Teilnehmern. Solche pauschalen Festlegungen machen zwar scheinbar Sinn. Sie sagen jedoch nichts über die Validität der Fakten aus. Selbst eine Teilnehmerzahl von 1.000 sagt nichts über die Bevölkerungsrepräsentativität aus, wenn die Stichprobe falsch gewählt worden ist.

So gelingt Ihre Studie

- Entwerfen Sie verschiedene Thesen zu verschiedenen Themenkomplexen. Anstelle vieler nicht zusammenhängender Fragen ist es besser, zu verschiedenen Themen jeweils mehrere Daten zu erheben (Kundenwünsche, Ängste, Verbraucherwissen, Boulevard).

- Arbeiten Sie für Ihre erste Studie mit einem Anbieter zusammen, der sich auf Studien spezialisiert hat. Ob das Unternehmen Faktenkontor aus Hamburg oder reine Marktforschungsanbieter: Die erste Studie sollte sauber aufgesetzt sein, damit folgende Erhebungen auf einer soliden Basis stehen.

- Verzichten Sie bei der Themenwahl auf werbliche Inhalte. Die erhobenen Fakten sollen für das Zielpublikum interessant sein.

- Erarbeiten Sie einen detaillierten Vermarktungsplan (siehe unten).

So kommen Ihre Fakten in die Presse

Sie haben einen Onlinefragebogen mit zehn Fragen programmiert, den in zwei Wochen mehrere hundert Teilnehmer ausgefüllt haben? Perfekt. Nun geht es darum, die gewonnenen Fakten zu strukturieren, aufzubereiten und in die Medien zu bringen.

- Formulieren Sie drei bis fünf Kernaussagen der Studie zu drei bis fünf Themenblöcken.

- Werfen Sie einen konkreten Blick auf die statistischen Daten: Lässt sich herausfinden, dass Teilnehmer aus bestimmten Bundesländern anders denken als aus anderen Bundesländern (z. B. „Schwaben beim Sockenkauf weniger geizig als Bayern")? Oder ergibt sich Unerwartetes (z. B. „Männer können besser Socken stopfen als Frauen")? Achtung: Gerade das Überraschende ist das Spannende!

- Überlegen Sie, wie Sie die Ergebnisse veröffentlichen wollen. Möglich sind Pressekonferenzen, Redaktionsbesuche mit ausgewählten Medien, denen die Ergebnisse exklusiv angeboten werden. Oder Sie verfassen verschiedene Pressemeldungen zu jeweils einem Thema. Möglich wäre ebenso ein Mix aus allem. Einen Teil der Ergebnisse geben Sie in einer Pressekonferenz bekannt, einen anderen Teil streuen Sie im Jahresverlauf kontinuierlich über Pressemeldungen in die Medien.

Wichtig bei der Verschriftlichung der Studienergebnisse: Suchen Sie nach dem Außergewöhnlichen in den Aussagen – nach dem, womit Sie selbst nicht gerechnet haben.

Beispiel

Wenn eine Umfrage ergibt, dass neun von zehn Deutschen bestimmte Kreditarten nicht kennen, können Sie in der Pressemeldung vor mangelndem Kreditwissen und dessen Folgen warnen, anstatt nüchtern zu beschreiben, dass nur zehn Prozent der Deutschen der Begriff „Festzinsdarlehen" geläufig ist.

Inflation der Fakten?

Zugegeben: In den vergangenen fünf Jahren haben immer mehr Unternehmen für sich entdeckt, wie effektiv sich Studien in der Pressearbeit einsetzen lassen. Dennoch: Wer solide Daten erhebt, ist bei Redakteuren lieber gesehen als ein Unternehmen, das wöchentlich phrasenbeladene Verlautbarungen verbreitet. Zudem lassen sich die Ergebnisse nicht nur von der Kommunikationsabteilung verwerten. Nicht selten sind die gewonnenen Fakten auch für Abteilungen wie Unternehmensentwicklung, Personal, Vertrieb oder Akquise nützlich und spannend. Dort kann das Datenmaterial in Präsentationen, Gesprächen und Texten ebenfalls verwendet werden.

Praxistipp

Vor diesem Hintergrund lassen sich auch die finanziellen Aufwendungen der Studienerstellung nicht selten auf verschiedene Kostenstellen aufteilen. Die Kosten für eine Studie liegen je nach Qualität und Größe zwischen rund 3.000 und 30.000 Euro.

Woher nehmen Sie Themen für Ihre Pressearbeit?

Die Studie als Themengenerator haben Sie bereits kennengelernt. Natürlich gibt es unzählige Varianten, an neue PR-Inhalte zu kommen. An dieser Stelle kann dieses Buch nur Tipps geben. Nachdenken müssen Sie selbst. Die besten Themen finden sich in der Regel im Geschäftsumfeld – wie Ihnen bereits die Inhaltsanalyse zu Beginn gezeigt hat:

• Was sind typische Kundenvorstellungen?

• Wovor haben Kunden Angst?

• Welche Fehler machen Kunden?

• Welche Erfahrungen machen Sie als Unternehmen im Geschäftsalltag?

• Welche Trends und Entwicklungen können Sie beobachten?

• Gibt es aktuelle Auffälligkeiten?

Auch andere Medien eignen sich hervorragend als Inspirationsquelle. Schauen Sie TV, hören Sie Radio und lesen Sie Zeitung. Wenn die Regierung neue Gesetze oder Einschnitte plant, kann Ihr Unternehmen sich dazu positionieren. Dasselbe gilt bei Gerichtsurteilen, Veranstaltungen oder Jahrestagen. Sie müssen lediglich überlegen, mit welchen Inhalten Sie an welches Thema andocken können.

Interessante Inhalte gibt es in allen Branchen. Es gibt also keine Ausrede für Themenarmut.

Beispiel aus dem Anwaltsalltag

- *Erfahrungen aus Beratungssituationen: Ein Jurist bearbeitet einen Fall und stellt fest, dass der Mandant bestimmte Vorstellungen von der Materie hat. Könnte es nicht sein, dass andere potenzielle Klienten ähnlich empfinden? Hier kann der Anwalt andere abholen, indem die Erfahrungen in einer Pressemeldung aufgegriffen werden.*

- *Gesetzentwürfe oder Musterurteile: Ein Anwalt bezieht Stellung zu aktuellen juristischen Entwicklungen und beweist so Fachkompetenz.*

- *Neue Mandanten oder Projekte: Ein Anwalt kommuniziert Erfolgsmeldungen und wird als erfolgreich wahrgenommen.*

- *Aktuelle Veranstaltungen: Ein Anwalt gibt sein Wissen in Seminaren und Veranstaltungen weiter und kommuniziert seine Veranstaltungstermine und Aktivitäten zusätzlich selbst.*

Themenmix: Planung und Kontrolle

Auf die Mischung kommt es an. Kommunizieren Sie nicht irgendetwas, sondern planen Sie. Sonst kann es passieren, dass die Berichterstattung zu einseitig wird. Die nachfolgenden Diagramme zeigen beispielhaft einen Themenmix, mit dem sich ein Unternehmen in der Öffentlichkeit positioniert. Das bedeutet: In der Medienarbeit eines Handyherstellers geht es beispielsweise in unterschiedlicher Gewichtung um Modelle, um Probleme, um Forschungsthemen oder um Zubehör.

Der Themenmix sollte versuchsweise gesteuert werden. Wenn ein Handyhersteller beispielsweise Probleme mit einer Baureihe hat, sollte er besonders darauf achten, auch mit anderen Themen präsent zu sein. Deshalb ist es umso wichtiger, die Pressearbeit zu planen.

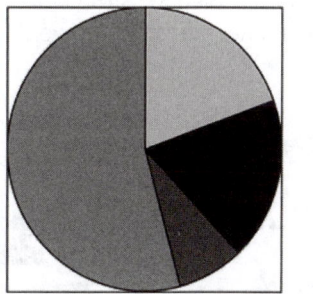
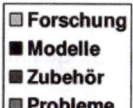

Themen kontrollieren

Andererseits sollte im Nachgang erfasst werden, wie sich der geplante Themenmix tatsächlich in der Presse niedergeschlagen hat. Schließlich wird nicht alles veröffentlicht, was man plant. Durch die Kontrolle der Themen kann ein Unternehmen zudem gegensteuern. Denn: Natürlich ist es schön, wenn eine Firma regelmäßig als Experte mit Servicethemen zu Wort kommt. Allerdings ist es ebenso wichtig, dass auch immer wieder Berichterstattung über Produkte oder Dienstleistungen stattfindet. Schließlich will das Unternehmen auch seine Bekanntheit steigern, Produkte einführen und die Nachfrage erhöhen.

Die wichtigsten PR-Instrumente

Geschafft. Sie haben die wichtigste Hürde auf dem Weg in die Medien genommen, indem Sie über die PR-Inhalte und Botschaften nachgedacht und sie erarbeitet haben. Jetzt kommt der zweite Schritt – die PR-Instrumente. Schließlich müssen die PR-Informationen transportiert werden.

Von der Idee ins Medium

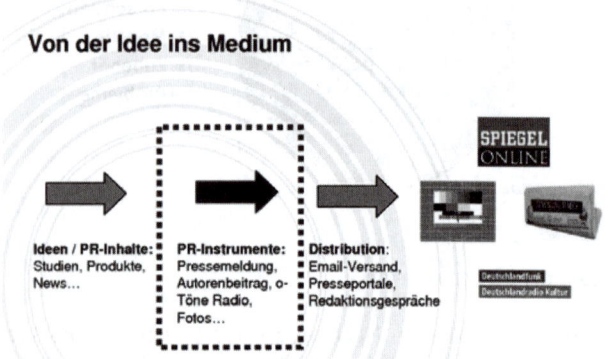

Ideen / PR-Inhalte: Studien, Produkte, News...

PR-Instrumente: Pressemeldung, Autorenbeitrag, o-Töne Radio, Fotos...

Distribution: Email-Versand, Presseportale, Redaktionsgespräche

„The medium is the message" (Das Medium ist die Botschaft), postulierte einst der Kommunikationstheoretiker Marshall McLuhan und meinte damit: Die Art des Mediums bestimmt maßgeblich, wie eine Botschaft überhaupt aufgenommen werden kann. Das bedeutet: Ein komplizierter juristischer Inhalt ist beispielsweise in einer Radiomorgenshow weniger gut aufgehoben als in einem Expertengespräch. Was bedeutet dies für Sie? Sie sollten darüber nachdenken, **womit** Sie Inhalte kommunizieren. Neben dem bekannten PR-Instrument Pressemeldung gibt es außerdem Autorenbeiträge, Expertenartikel, Pressekonferenzen, Redaktionsbesuche und vieles mehr. Auf den kommenden Seiten erhalten Sie einen Überblick darüber, wie Sie Ihre PR-Inhalte sinnvoll verarbeiten können.

Die Pressemeldung: Klassiker und Grundbaustein

Experten und PR-Profis diskutieren seit einigen Monaten, ob die gute alte Pressemeldung eigentlich noch so heißen darf – oder ob „Medienmeldung" nicht der treffendere Begriff wäre. Schließlich soll der PR-Text nicht nur von Hörfunk, TV und Zeitungen aufgegriffen werden, sondern auch im Internet seinen Weg finden.

In Letzterem entscheiden oftmals keine klassischen Redakteure als Gatekeeper darüber, was veröffentlicht wird und was nicht. Weil diese Arbeit von Suchmaschinen erledigt wird, achten immer mehr PR-Verantwortliche darauf, ob der PR-Text eine genügend hohe Anzahl an Keywords hat und ob er mit suchmaschinenrelevanten Extras wie Zwischenüberschriften, Aufzählungen oder gar Video- und Fotolinks aufwarten kann.

Der Frage nach dem richtigen Maß soll später nachgegangen werden. Zunächst steht im Vordergrund, was eine Pressemeldung braucht, damit sie funktioniert. Schließlich bilden wirksame Pressemeldungen noch immer in vielen Fällen die Basis aller Medienarbeit.

Der Aufhänger: das Zugpferd für Ihre PR

Überschrift, Vorspann, Haupttext (Lead), Abspann – immer wieder predigen PR-Lehrbücher den formalen Aufbau eines Pressetextes. Richtig. Aber: Das Entscheidende bleiben Inhalt und Aufhänger.

Selbst wenn ein Thema offensichtlich nicht „neu, wichtig und interessant" ist, kann es der richtige Dreh (Aufhänger) dazu machen. Dabei geht es nicht einmal darum, Inhalte hinzuzudichten. Gefragt ist vielmehr Ihre Fähigkeit, jedem scheinbar uninteressanten Thema interessante Aspekte abzugewinnen.

Gute Pressemeldungen beginnen dort, wo bei schlechten Pressemeldungen die Denkarbeit des PR-Verantwortlichen nicht eingesetzt hat.

Wie finden Sie einen Aufhänger?

- Was könnte für den Leser wirklich interessant sein?

- Versetzen Sie sich in die Lage des Redakteurs und Lesers: Wann würden Sie etwas lesen oder weitersagen?

- Ist die Neuerscheinung eines Produkts wirklich interessant? (Der Hersteller Apple nimmt hierbei eine Sonderrolle ein. Dass Medien den Apple-Produkten in der Berichterstattung so viel Platz einräumen, liegt sicherlich auch daran, dass viele Redakteure dem Phänomen erlegen sind.)

- Wie können Sie Ihr Thema mit Nachrichtenfaktoren oder Nutzwert anreichern?

Beispiel einer nicht gelungenen Pressemitteilung

XYZ-Outplacement bringt 95 Prozent der Gekündigten in neue Jobs

Bonn (ots) – Outplacement, die Beratung und qualifizierte Vermittlung einer neuen beruflichen Tätigkeit bei Kündigung, wird enorm an Bedeutung gewinnen, erwarten doch Experten eine Million zusätzliche Arbeitslose infolge der Wirtschaftskrise. „Wir können bis zu 95 Prozent der Betroffenen wieder in Lohn und Brot bringen", berichtet Harald Müller, Geschäftsführer der bundesweit tätigen Wirtschaftsakademie, über seine Erfolgsquote. Outplacement als Königsweg der Trennung bietet Vorteile für beide Seiten: Der gekündigte Arbeitnehmer erhält psychologische Unterstützung in der Krise und findet einen neuen Job. Das Unternehmen verhindert, dass Kündigungen das Betriebsklima oder das Image beeinträchtigen.

Die XYZ-Berater sind so erfolgreich, weil sie Psychologen, Bewerbungstrainer und Jobhunter in einem sind.

So lieber nicht: Bereits in der Überschrift stellt das Unternehmen eine Behauptung auf, für die viele Redakteure wohl nicht ihre Hand ins Feuer legen würden. Besser ist der einfache Trick, zunächst von einem allgemeinen Trend („Immer mehr ...") zu sprechen.

Unverzeihlich ist allerdings die Lobhudelei des Unternehmens. Der Pressetext trieft nur so vor Behauptungen und Wertungen, nach denen das Unternehmen das Beste auf dem Gebiet sei.

Pressemeldung mit Aufhänger

Immer mehr Unternehmen setzen auf Outplacement

Während George Clooney in der aktuellen Tragikkomödie „Up in the air" Arbeitnehmer rauswirft, sieht die Realität zumindest in Deutschland anders aus. „Durch sogenanntes Outplacement können neun von zehn Gekündigten wieder einen Job finden", sagt Harald Müller, Geschäftsführer der bundesweit tätigen Wirtschaftsakademie. Beim Outplacement helfen Berater vor und nach der Kündigung den Arbeitnehmern, einen neuen Job zu finden. „Immer mehr Unternehmen entscheiden sich für Outplacement, wenn sie sich von Mitarbeitern trennen", erläutert Müller. Der gekündigte Arbeitnehmer erhält psychologische Unterstützung in der Krise und findet einen neuen Job. Das Unternehmen verhindert, dass Kündigungen das Betriebsklima oder das Image beeinträchtigen.

Der erste Satz der „Pressemeldung mit Aufhänger" ist gut. Neben einem solchen Ausblick ist die Verknüpfung mit dem aktuellen Kinoereignis „Up in the air" möglich. So erhält das scheinbar langweilige Thema der Personalvermittlung einen Hollywood-Anstrich.

Noch ein Beispiel: Pressemitteilung

Anbieter XY bietet bei Immobilienkrediten günstigste Zinsen.

Mit 4 Prozent für ein Darlehen mit zehnjähriger Laufzeit bietet das Finanzinstitut XY aktuell die günstigsten Zinsen am Markt. Immobilienkäufer und Häuslebauer können dadurch bis zu 10.000 Euro Zinskosten sparen.

Pressemeldung

Viele Bauherren verschenken bei Kreditaufnahme bis zu 10.000 Euro

Weil viele Bauherren und Immobilienverkäufer nicht die Zinsen vergleichen, finanzieren sie oftmals zu teuer. „Aktuell liegen die günstigsten Angebote am Markt bei 4 Prozent für ein Darlehen mit zehnjähriger Zinsbindung", sagt Sprecher Mike Müller von Finanzinstitut XY.

Wenn der Redakteur die aufhängeroptimierte Pressemeldung druckt, wird er zum Robin Hood. Er zeigt, dass viele Geld verschenken – und wie sie es vermeiden können. Während die erste Pressemeldung lediglich werblich die günstigsten Konditionen plakatiert, beschäftigt sich der optimierte Text mit den Auswirkungen einer zu teuren Finanzierung. Statt das Unternehmen als günstigsten Anbieter zu preisen (was ohnehin nicht glaubwürdig ist), tritt die Firma in der zweiten Variante lediglich als kenntnisreicher Marktbeobachter aus. Glaubwürdig und neutral.

Überschrift: Der Kracher muss nach oben!

Eine Pressemeldung ist kein Krimi, bei dem die Auflösung zum Schluss kommt. Der Redakteur muss bereits mit der Überschrift „gefesselt" werden. Dient die Überschrift nur als langweilige Hinführung zum Thema, steigt der Redakteur aus.

- Aus der Überschrift muss hervorgehen, worum es in der Pressemeldung geht.
- Arbeiten Sie mit Doppelpunkten und Wortspielen.

- Bad news are good news: Bei positiven Überschriften werden viele Redakteure skeptisch. Besser sind Warnungen und Tipps gegen Fehler.

Maschine gegen Mensch: die Googleisierung der Medienarbeit

Auch wenn Ihnen Verkäufer von Mediaplattformen das Gegenteil verkaufen möchten: Unterwerfen Sie sich nicht gänzlich dem Diktat der Suchmaschinen. Sicher werden Meldungen heute vor allem auch durch Suchmaschinen erfasst und verwertet. Sicher müssen diese Meldungen auch von Suchmaschinen „lesbar" sein. In erster Linie sollten Sie allerdings nicht für Maschinen schreiben – sondern für Menschen. Und die mögen interessante, neue und wichtige Geschichten in stilsicherem Deutsch und keine Texte, in denen sich Schlüsselwörter mehr oder weniger sinnhaft aneinanderreihen. Bedenken Sie: Auch wenn es in der heutigen Zeit immer mehr darauf ankommt, dass die Pressetexte von Suchmaschinen gefunden werden – wenn die Texte nach dem Finden jedoch keiner liest, ist auch das Gefundenwerden wertlos.

Praxistipp

Verfrachten Sie Schlüssel- und Schlagwörter in den Abspann der Pressemeldung. In die Rubrik „Über das Unternehmen" sollten Sie in etwa 1.000 Zeichen suchmaschinenrelevante Informationen packen.

Beispiel „Über das Unternehmen"

Über adp: ADP ist der weltweit führende Anbieter von Services und Lösungen rund um die Entgeltabrechnung, Personaladministration und das HR-Management. Automatic Data Processing, Inc. (Nasdaq: ADP) wurde 1949 in New Jersey, USA, gegründet und ist in über 70 Ländern einschließlich China erfolgreich vertreten. Seit über 60 Jahren realisiert ADP die Optimierung und Auslagerung von HR-Geschäftsprozessen (Business Process Outsourcing). ADP arbeitet weltweit für etwa 660.000 Kunden aller Branchen und Größen. In Deutschland erfolgt bereits jede 5. Personalabrechnung mit Produkten und Services von ADP. 57.000 Mitarbeiter erwirtschaften einen Umsatz von über 10 Mrd. US-Dollar weltweit. ADP realisiert über 50 % des Umsatzes mit mittelständischen Unternehmen. 2012 hat das weltweit anerkannte Wirtschaftsmagazin FORBES ADP unter die Top 100 der innovativsten Unternehmen aufgenommen. ADP besitzt als einziges Unternehmen ein Triple A-Rating, zusammen mit Johnson & Johnson, Microsoft und Exxon.

Auf die Länge kommt es (nicht) an

Wie lang darf eine Pressemeldung sein? Im Durchschnitt besteht eine Pressemeldung aus 250 bis 500 Wörtern – das entspricht etwa ein bis zwei DIN-A4-Seiten. Ausnahmen bestätigen jedoch die Regel: So hat es beispielsweise eine Pressemeldung eines unserer Auftraggeber auf die Seite eins der BILD und anschließend in Hörfunk und TV geschafft, obwohl sie nur einen Absatz lang war. Und ebenso gibt es Pressetexte, die trotz ihrer Länge von fünf Seiten bei Journalisten Anklang finden.

! Achtung

Eine Pressemeldung darf so lang sein, wie sie interessant ist. Der Zweck der Pressemeldung ist es, neugierig zu machen und zu informieren. Statt auf die Länge kommt es auf die Qualität des Inhalts an.

Wie oft? Die Frequenz von Pressemeldungen

Eine pro Tag, eine pro Woche, eine pro Monat? Die Frage, in welcher Frequenz Pressemeldungen veröffentlicht werden sollten, lässt sich ebenso wenig pauschal beantworten wie die Frage nach der optimalen Länge. Die Grundregel, Pressemeldungen nur dann zu versenden, wenn es etwas Wichtiges zu sagen gibt, ist grundsätzlich gut und richtig. Auf der anderen Seite können ja selbst scheinbar weniger wichtige Themen mit dem richtigen Aufhänger interessant werden. Denn: Ein regelmäßiger und kontinuierlicher Versand von Pressemeldungen bringt mehrere Vorteile.

- **Wahrnehmungsschwelle und Welle:** Eine einmalige Pressemeldung zum richtigen Thema kann viel Berichterstattung nach sich ziehen. Doch was passiert danach? Um von Medien und Konsumenten wahrgenommen zu werden, braucht es Kontinuität.

- **Grundrauschen:** Wer bisher keine Pressearbeit betrieben hat, sollte sich zu einem Versand im Zweiwochentakt entscheiden. Wer alle zwei Wochen eine Pressemeldung versendet, schafft eine Art mediales Grundrauschen.

Medientaugliche Sprache

Sicher, guter Stil entscheidet nicht den Erfolg der Öffentlichkeitsarbeit. Primär kommt es auf den Inhalt an. Selbst
eine noch so schlecht geschriebene Meldung oder ein noch
so holprig gesprochenes Statement haben beste Veröffentlichungschancen – wenn das Geschriebene oder Gesagte
ordentlich Pfeffer hat und von Belang ist.

Allerdings ist das, was es zu kommunizieren gibt, nicht
jeden Tag so spannend wie die Landung auf dem Mond.

Verständlichkeit für alle PR-Instrumente

Dass Fachvokabular in der Kommunikation außerhalb der
Fachabteilung nichts zu suchen hat, dürfte sich mittlerweile
herumgesprochen haben. Unverständlichkeit rührt jedoch
nicht nur vom Vokabular her. Ebenso unverständlich sind:

- lange Sätze,
- Inhalte, die der Verfasser selbst nicht verstanden hat,
- schlecht strukturierte Texte.

Achtung

Ob mündlich, schriftlich oder in Bildern: Setzen Sie bei
allen PR-Instrumenten auf Verständlichkeit. PR bedeutet zu kommunizieren. Wenn Sie sich für PR entschieden haben, müssen Sie also dafür sorgen, dass die
Empfänger Ihre Botschaften nicht nur empfangen –
sondern diese auch verstehen. Wer PR sagt, muss
auch Verständlichkeit sagen.

Die Sprache als Türöffner

Stellen Sie sich vor, Sie bekommen mittags immer eine latschige Pizza serviert. Mal mit Schinken. Mal mit Käse. Eventuell sogar einmal mit Lachs und Trendgemüse Rucola. Tag für Tag. Woche für Woche. Jahr für Jahr. Wie würden Sie reagieren, wenn Ihnen plötzlich Nudeln angeboten werden oder gar eine frisch gegrillte Dorade im Kartoffelmantel?

Genau so können Sie sich die Ausgangssituation bei einem Redakteur vorstellen: Täglich ergießen sich über ihn hunderte Pressemeldungen. Sie alle enthalten ähnliche Phrasen – und nicht selten werbliche Versprechungen. Überlegen Sie, wie Sie den Journalisten mit Kommunikationshappen ködern können, die anders sind – die nicht nach laschem Einheitsbrei schmecken.

Sicher: Der Stress in Redaktionen hat in den vergangenen Jahren nochmals deutlich zugenommen. PR bedeutet immer noch: Journalisten und Redakteure zügig mit Informationen versorgen. Selbst nüchterne Informationen sind für Redakteure spätestens dann von Belang, wenn sie durch die Größe des Unternehmens Relevanz besitzen. Wenn Siemens Mitarbeiter entlässt oder VW das serienreife Elektroauto vorstellt, kommt es von selbst zu Abdrucken und Veröffentlichungen.

Weil jedoch viele Unternehmen diese Relevanz nicht mit sich bringen, benötigt deren Pressearbeit zusätzliche Aspekte. Der Sprache kommt dabei eine wichtige Bedeutung zu. Gut abgefasste und intelligent gemachte PR zeigt dem Journalisten, dass er ernst genommen wird. Er bekommt so das Gefühl, nicht Teil einer Masse zu sein. Ein guter

Sprachstil nimmt den Redakteur ernst. Zudem fallen Meldungen auf, die durch eine etwas andere Wortwahl und einen klaren Satzbau nicht im Gleichklang untergehen. Es geht um: neue Reize. Nicht um der Reize willen, sondern der Funktion.

Gute Sprache, gute PR

Gute Sprache ist also ausschließlich Mittel zum Zweck. Gute Texte sollen verstanden werden und sie sollen funktionieren.

Praxistipp

Grundsätzlich seien an dieser Stelle sämtliche Werke von Sprachkritiker und Sprachstillehrer Wolf Schneider empfohlen, allen voran der Titel „Deutsch für Profis".

Unabhängig von der Lektüre dieser Standardwerke zum Thema Sprache helfen Ihnen jedoch die folgenden Tipps:

- **Verzichten Sie auf statische Verben.** Tauschen Sie, wann immer möglich, Formen von „sein" und „haben" gegen qualitativ hochwertigere Verben aus. Also nicht: *„Der Kredit ist gut für Familien."* Sondern: *„Der Kredit eignet sich für Familien."*

- **Vermeiden Sie Substantive.** Seien Sie skeptisch, wenn viele Wörter auf -ion, -ung oder -at enden. Versuchen Sie, Substantivierungen in Verben umzuwandeln (Beispiel: *„Wie eine Erhebung gezeigt hat"* – *„wie das Unternehmen XY erhoben hat".*)

- **Nennen Sie Ross und Reiter.** Befinden sich viele „werden" im Text? Nennen Sie besser die Subjekte. (Nicht: *„Am Montag wurden 2.000 Handys verkauft."* Sondern: *„Am Montag verkaufte der Handydiscount 2.000 Mobiltelefone."*) Passivkonstruktionen empfehlen sich im Gegenzug, wenn es Probleme gibt und der Akteur nicht offensichtlich auf dem Tablett serviert werden soll.

- **Stichwort Rhythmus.** Variieren Sie den Satzbau. Wechseln Sie kurze und lange Sätze ab. Schreiben Sie nicht immer im Stil „Subjekt, Prädikat, Objekt".

- **Vermeiden Sie englische Wörter, wo es geht.** Seien Sie ebenso auf der Hut vor falsch übersetzten Phrasen. „Einmal mehr" gibt es im Deutschen nicht. Nicht wenige Redakteure werfen aus Frust über solche Sprachdummheiten eine ganze Pressemeldung in den Papierkorb.

- **Übersetzen Sie.** Sie haben ein Produkt oder eine Dienstleistung, die eine Neuerung birgt. Benennen Sie nicht einfach die Neuheit, sondern beschreiben Sie die Auswirkung. Die BILD-Zeitung ist nicht zuletzt deswegen so erfolgreich, weil sie brisante Regierungspläne abdruckt, sondern weil sie die Auswirkungen richtig übersetzt: *„Familie Müller hat nach Gesetzentwurf 356 Euro weniger in der Tasche."*

- **Unternehmen lieben sie – Journalisten hassen sie: Abkürzungen.** Ob evtl., ca., bspw., rd. oder wie sie alle lauten. Schreiben Sie Abkürzungen aus. Das gilt auch für den Euro oder das Prozent.

- **Wörter wie „Sie, wir, unser" haben in Pressemeldungen jenseits von Zitaten nichts zu suchen.** Journalisten müssen solche Formulierungen anpassen, da die Leser einer Zeitung nicht Eigentümer oder Mitarbeiter eines Unternehmens sind. Diese Änderungen kosten Zeit und sind ärgerlich. Ebenfalls vermieden werden sollte das Wort „man". Ersetzen Sie es besser durch die Nennung der Zielgruppe. Nicht: *„Man sollte trotz der Abwrackprämie nicht übereilt einen Kaufvertrag unterschreiben."* Sondern: *„Autokäufer sollten ...."*.

- **Benutzen Sie lebhafte und nachvollziehbare Beispiele.** Beispielsweise: 10.000 Euro Stundenlohn: Der Vergleich von Immobilienkrediten im Internet dauert oftmals nicht länger als der Preisvergleich bei Fernsehern. Die Ersparnis ist jedoch immens.

Autorenbeiträge: Schreiben Sie sich zum Experten

Autorenbeiträge sind mehr als lange Pressemeldungen. Sie sind Ausdruck des Expertenwissens und eine hervorragende Möglichkeit, sich vor allem in der Fachpresse Gehör zu verschaffen. Autorenbeiträge sind Expertenbeiträge, die aus der Feder des Vorstandes oder eines Unternehmensexperten stammen. Dessen Name steht auch vor oder hinter dem Text. Normalerweise haben sie eine Länge von rund 5.000 bis 10.000 Zeichen.

Praxistipp

Bei der Themenwahl gilt dasselbe wie bei Pressemeldungen. Wählen Sie spannende Inhalte und missbrauchen Sie den Beitrag nicht als Werbeplattform.

So bieten Sie Autorenbeiträge an

> *Lieber Redakteur, welche Trends gibt es in der Unterhaltungselektronik/Pflanzenzucht/Getränkeindustrie? Warum entscheiden sich immer mehr Bürger für Smartphones und Netbooks/Genmais/Gesundheitsdrinks? Gerne möchte sich unser Vorstand zu diesem Thema in einem Expertenbeitrag äußern. Darin soll es um folgende Punkte gehen:*

So oder ähnlich werden Autorenbeiträge angeboten. Egal ob Sie die Redaktion per Mail ansprechen oder per Telefon: Schildern Sie kurz und knackig, auf welche Weise Sie einen Inhalt aufbereiten wollen. Versuchen Sie dabei immer, Zahlen, Trends und Entwicklungen zu verarbeiten.

FAQ/Factsheet: Fakten mit einem Griff

Ob Sie ein Dokument mit den wichtigsten Fragen und Antworten zu Ihrem Unternehmen oder zu einem Produkt für ein Redaktionsgespräch oder für die Pressemappe brauchen, ist eigentlich egal. Wichtig ist, dass Sie eines haben.

Sammeln Sie daher in den verschiedenen Teams die wichtigsten Fragen – gerade die kritischen. Nur wer sich rechtzeitig mit unangenehmen Fragen beschäftigt, kann in Ruhe passende Antworten vorbereiten. Wer Zeit hat, kann selbst für heikle Fragen Argumente finden, mit denen sich ein Thema entschärfen oder gar wechseln lässt. Das funktioniert aber nicht, wenn Sie live von einem Radiomoderator zu einem Problem interviewt werden, von dem Sie gerade das erste Mal hören.

- Tragen Sie zehn bis 15 typische Fragen zu Ihrem Unternehmen, zu Ihrer Dienstleistung oder zu einem neuen Produkt zusammen.

- Entwerfen Sie gegebenenfalls auch ein Dokument, auf dem Sie sich mit kritischen Fragen beschäftigen – und Antworten geben.

- Stellen Sie die Fragen so, wie Sie ein Journalist stellen würde.

- Antworten Sie klar und präzise und versuchen Sie nicht, in jeder Antwort eine Werbebotschaft zu platzieren. Und auch hier gilt wieder: Wählen Sie Argumente, die neu, wichtig und interessant sind.

Infografiken: Geben Sie Zahlen ein Gesicht

Überall wird gespart – auch in Redaktionen. Nicht nur Redakteure kosten die Medien viel Geld, sondern auch Bildmaterial. Für jedes Bild, das gedruckt wird, muss gezahlt werden. Davon können Sie profitieren, wenn Sie die Redaktionen mit hochwertigem PR-Bildmaterial versorgen.

Infografiken fassen in einem Bild wichtige Inhalte selbsterklärend zusammen. Wie viel Eiscreme bekommen Sie für einen Euro in welchem Urlaubsland? Welche Lebensmittel konsumieren Deutsche? Worauf kommt es Schuhkäufern an? Viele PR-Inhalte lassen sich zusätzlich in einer Infografik abbilden. Das gilt nicht nur für Studienergebnisse, sondern auch für viele andere Themen, wie das folgende Beispiel zeigt.

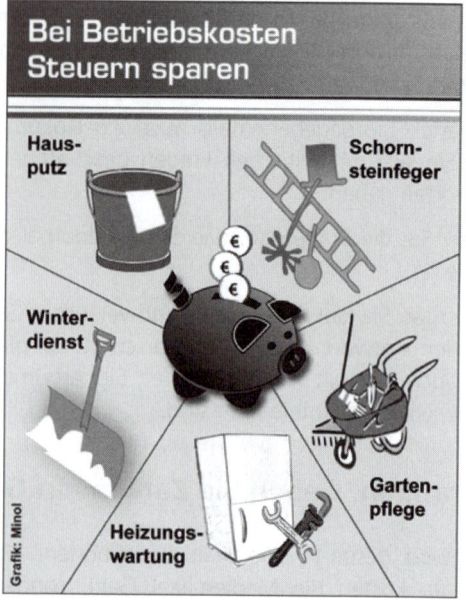

Grafik: Minol

Praxistipp

Achten Sie darauf, dass die Infografik auch in Grautönen funktioniert, da viele Zeitungen nicht in Farbe gedruckt werden. Eine einfache Umwandlung in Graustufen reicht meist nicht, weil dann nichts mehr zu erkennen ist.

- Gute Infografiken kosten pro Stück zwischen 300 und 1000 Euro. Anbieter sind zum Beispiel www.globusinfografik.de, www.infografik.biz oder www.infografik-dienst.de.

- Verbreiten Sie die Grafik via E-Mail an Redaktionen oder nutzen Sie den Originalbildservice (obs), um die Grafik in Archive und Redaktionen zu bringen.

- Verzichten Sie auf Ihr Logo und Werbung. Ihr PR-Effekt ist die Quellenangabe an der Infografik. Im Idealfall wurde zusätzlich Ihre Pressemeldung gedruckt, in der auf Ihr Unternehmen verwiesen wurde.

Infografiken per E-Mail versenden

Wenn Sie eine Infografik haben, muss diese natürlich noch in die Medien kommen. Stellen Sie die Grafik nicht lediglich im Pressecenter Ihrer Webseite zum Download zur Verfügung – sondern vermarkten Sie das PR-Material aktiv. Falls Sie zum Thema einer Pressemeldung eine Infografik haben, sollten Sie diese direkt beim Mailversand anhängen (niedrige Auflösung, hochauflösende Grafik auf Anfrage). Weisen Sie zudem in der Pressemeldung darauf hin, dass Sie eine kostenlose Infografik anbieten können.

Fotos: Lassen Sie Bilder sprechen

Fotos sind nicht nur Beiwerk in der Presse, damit der Leser nicht von einer Textbleiwüste erschlagen wird. PR-Fotos transportieren eigenständige PR-Inhalte.

Der Taschentuchtest gilt als Paradebeispiel professioneller PR-Fotografie. Statt eines grinsenden Menschen und eines großen Logos steht hier die Wirkung des Rußpartikelfilters im Vordergrund. Mit diesem Foto hat es der Autohersteller Peugeot in zahlreiche Medien und sogar auf Titelbilder geschafft. Nebenbei transportiert das Bild das Image vom Saubermann.

Expertentipp von Profi-Fotograf Maik Kern aus München

- Das PR-Foto muss eine sofort erschließbare inhaltliche Aussage haben. Die Aussage muss darüber hinausgehen, dass das gezeigte Produkt gut ist.

- Wir werden in allen Medien mit perfekten Bildern umgeben. Daher müssen PR-Fotos handwerklich gut gemacht sein. Knipsfotos haben keine Chance – auch wenn Ihre Kamera „teuer" war und die Bilder vom letzten Urlaub überall nur Lob ernten.

- Fotos dürfen nicht zu werblich wirken. Verzichten Sie auf übertrieben große Logos.

- Die Fotos müssen perfekt bearbeitet sein und auch so hoch aufgelöst, dass sie zum Druck taugen.

- Auch wenn es ein zusätzlicher Kostenfaktor ist: Ein Hair-/Make-up-Artist und ein Stylist sind ein Garant für ein professionelles Bild.

- Die Auswahl der Modelle sollte mit Fokussierung auf die Zielgruppe stattfinden. Professionelle oder semi-professionelle Modelle (etwa von den Künstlerdiensten der Arbeitsagenturen) verstehen ihren Job und ersparen unter Umständen viel Geld, weil sie wissen, worauf es ankommt.

- Vermeiden Sie „Suchbilder". Überfrachten Sie das Bild nicht mit vielen Requisiten oder unruhigen Hintergründen. Die Botschaft des Bildes muss sofort erkennbar sein.

- Die Bildsprache sollte in Stil und Farbgebung dem Erscheinungsbild (Corporate Design) Ihres Unternehmens entsprechen.

- Versuchen Sie bei einem Fotoshooting verschiedene Motive zu verschiedenen Themen zu realisieren.

- Achten Sie auf Hoch- und Querformataufnahmen.

Bei Fotos handelt es sich wie bei Texten um Kommunikation. Überlegen Sie sich deshalb, was Sie sagen möchten. Welche PR-Kernaussagen sollen mit Ihren Fotos transportiert werden?

Kalkulieren Sie für fünf bis zehn hochwertige Motive in etwa Produktionskosten von 5.000 bis 10.000 Euro (Fotograf, Darsteller, Visagist, Assistenz, Requisiten, Nachbe-reitung) ein.

Portraitfotografie

Professionelle Bildaufnahmen von der Geschäftsführung sind kein Luxus. Sie sind Pflicht in jedem PR-Baukasten. Immer wieder gibt es kleinere Unternehmen, die die Presse mit Bewerbungsbildern ihres Vorstandes versorgen. Da-durch verbauen Sie sich nicht nur die Chancen auf einen Abdruck. Im schlimmsten Fall wird solch ein „hemdsär-meliges" Bild auch noch veröffentlicht. Und das Unter-nehmen hat die Chance vergeben, sich professionell in Szene zu setzen und PR-Inhalte zu transportieren – wie die gelungenen Beispiele des Fotografen Andreas Pohlmann auf der folgenden Seite zeigen.

- Die erste Aufnahme zeigt den Vorstand der PlanetHome AG, einem Immobiliendienstleister. Der Fotograf setzt auf Tiefenunschärfe und Symbolik.

Vorstand der PlanetHome AG (Immobiliendienstleister)

- Auch die zweite Aufnahme rückt Person und Unternehmen gekonnt ins Bild – ohne zu werblich zu sein. Das Foto zeigt Manfred Wennemer, den ehemaligen Vorstandsvorsitzenden von Continental.

Manfred Wennemer (bis 2008 Vorstandvorsitzender bei Continental)

TV-Auftritte: Reichweite satt

Medienarbeit fürs TV ist die Königsdisziplin. Hier kommen Wort, Bild und Ton zusammen. Alles muss stimmen. Lässt sich bei einem Interview für eine Zeitung mit etwas Glück im Nachgang noch etwas in eine andere Richtung biegen, eine Aussage etwas korrigieren, geht es beim Liveauftritt im Fernsehen um alles. Und: Es zählt nicht nur der gesagte Inhalt – sondern auch die Art und Weise.

Dennoch sollten auch Sie überlegen, wie Sie bestimmte Fernsehformate für die Öffentlichkeitsarbeit nutzen können.

- In welchem Fernsehformat könnten Sie sich bzw. das von Ihnen vertretene Unternehmen als Experte äußern?

- Zu welchem Thema haben Sie bzw. Ihr Mandant etwas zu sagen?

- In welchem Format könnte man über Sie, über das Produkt oder über die Dienstleistung sprechen?

Wie bei allen PR-Aktivitäten ist es wichtig, dass Sie sich mit dem Format beschäftigen. Sie müssen nicht warten, bis ein Fernsehredakteur bei Ihnen anruft, weil er selbst ein Thema erkannt hat. Sie können auch selbst die Redaktion anrufen und ein PR-Thema als Sendungsinhalt ins Gespräch bringen. Wie Sie richtige Aufhänger finden, haben Sie bereits gelernt. Wie Sie telefonisch den richtigen Draht in die Redaktion finden, erfahren Sie im Kapitel „Kontaktaufnahme".

Nach dem Motto „Gut ist besser als perfekt" erwartet niemand beim Thema TV-PR den aalglatten Kommunikationshai. Im Gegenteil. Wer einmal stockt und nicht wie aus der Pistole geschossen antwortet, wirkt natürlich – authentisch.

Damit die PR-Inhalte authentisch und sicher wirken, muss – wie immer in der Pressearbeit – die inhaltliche Vorbereitung stimmen. Versetzen Sie sich für die nachfolgenden Fragen und Überlegungen in die Rolle eines regionalen Kreditinstituts, das spezielle Immobilienkredite für Familien vertreibt.

- Zu welchem Thema sollen Sie sprechen?

- Was sind mögliche Fragen? Schreiben Sie mögliche Antwortoptionen auf und üben Sie diese.

- Welche kritischen Fragen könnten gestellt werden? Wie werden Sie antworten?

- Informieren Sie sich über den Moderator/Interviewer im Internet.

- Schauen Sie sich ein oder zwei Folgen des Formats im Fernsehen an.

- Machen Sie sich Gedanken über Ihre Kleidung.

Behauptung – Begründung – Beispiel – Kernbotschaft

Ein großer Unterschied zwischen Medienarbeit für Zeitungen und TV ist wie erwähnt, dass Sie sich vorher noch genauer überlegen müssen, was Sie erzählen. Das gilt auch für die Reihenfolge des Gesagten sowie die Verständlichkeit. Beim Schreiben einer Pressemeldung können Sie lange überlegen, ob das Wichtigste wirklich am Anfang steht und ob die Sätze kurz genug sind, damit sie der Leser versteht. Gegebenenfalls ändern Sie es eben. Wenn Ihnen jedoch im TV eine Frage gestellt wird, muss die Antwort sofort sitzen. Sie können das Gesagte nicht im Nachgang ordnen, gewichten oder gar streichen. Fernsehauftritte sind ein bisschen wie BILD-Zeitung. Die Inhalte müssen besonders kurz und einprägsam kommuniziert werden.

Achtung

Komplizierte Abwägungen und genaue Beschreibungen versteht der Fernsehzuschauer nicht. Dafür ist TV das falsche Format. Verstricken Sie sich also nicht in Feinheiten.

Die nachfolgende BBBK-Regel hilft Ihnen dabei, Ihre Inhalte wirkungsvoll im TV zu verbreiten:

Behauptung

Nachdem Sie eine Frage gestellt bekommen haben, sollten Sie eine Behauptung aufstellen.

- **Frage:** Warum sollten Immobilienbesitzer jetzt bauen?
- **Behauptung:** Immobilienkredite sind in Deutschland aktuell so billig wie nie.

Oder:

- **Frage:** Warum steht Thüringen bei Urlaubern als Reiseland hoch im Kurs?
- **Behauptung:** Viele Urlauber sind des Fliegens überdrüssig. Sie suchen Reiseziele in der Nähe. Außerdem wollen die meisten sparen.

Üben Sie nun selbst, indem Sie für die folgenden Fragen selbst eine Behauptung finden:

- Warum sollten Kunden gerade Ihr Produkt kaufen?
- Warum ist Ihre Dienstleistung so interessant?

Begründung

Nach der Behauptung müssen Sie direkt die Begründung anschließen. Sie warten also in der Regel nicht auf eine weitere Frage, sondern argumentieren. Auch dies ist erlernbar, wie die folgenden Beispiele zeigen.

- **Begründung:** Bauen ist so billig wie nie, weil die Zinsen für Immobilienkredite auf unter 4 Prozent gesunken sind. Teilweise kosten Darlehen nur 3,5 Prozent. Vor zwei Jahren mussten Immobilienkäufer noch 6 Prozent zahlen.

- **Begründung:** Viele Hotels in Thüringen haben in diesem Jahr deutlich die Preise gesenkt. Urlauber können im Durchschnitt 25 Prozent sparen.

Übung: Jetzt sind wieder Sie an der Reihe. Überlegen Sie sich eine Begründung, mit der Sie Ihre Behauptung untermauern können. Welche Argumente könnten Sie liefern?

Beispiel

Nach der Begründung schieben Sie einfach ein Beispiel hinterher. Auf diese Weise wiederholen Sie nochmals verständlich und plastisch, was Sie gesagt haben.

- **Beispiel:** Ein Kredit in Höhe von 150.000 Euro kann heute mit einer Monatsrate von 800 Euro bedient werden. Damit kann in vielen Orten sogar ein Durchschnittsverdiener eine Immobilie erwerben.

- **Beispiel:** Ein einwöchiger Urlaub für eine vierköpfige Familie kostet in diesem Jahr nur 1000 Euro. Für eine Reise an die Adria müsste die Familie 2000 Euro zahlen.

Übung: Suchen Sie nach Beispielen, die Ihre Begründung nochmals veranschaulichen!

Wiederholung

Nach dem Beispiel sollten Sie die Kernbotschaft noch einmal wiederholen.

- **Beispiel:** Aus diesem Grund lohnt sich heute das Bauen. Immobilieninteressenten sollten sich jetzt über Kredite informieren und dabei vor allem auf den Zinssatz achten.

- **Beispiel:** Eine Reise nach Thüringen lohnt sich also in diesem Jahr ganz besonders.

> **Achtung**
>
> TV-Statements sind wie Bildzeitung in Bild und Ton. Kurze und merkbare Aussagen müssen platziert werden. Lange Inhalte und Bandwurmsätze funktionieren nicht.

Stärken betonen, Schwächen ignorieren

Sie werden sehen, mit ein bisschen Vorbereitung wird Ihr erster TV-Auftritt zu Erfolg. Versuchen Sie jedoch niemals vor einem ersten Auftritt, Ihre Schwächen auszumerzen. Egal, ob Sie „äh" sagen oder viel zu schnell sprechen. Konzentrieren Sie sich auf Ihre Stärken und Inhalte. Sie sind kein Schauspieler, sondern Experte zu einem Fachthema. Aus diesem Grund wurden Sie eingeladen – und nicht weil Sie der Aalglatteste und Schönste sind.

On Air: So vertonen Sie Ihre PR-Inhalte

Kreischende Fußballfans. Tröten. Rasseln. „Toooooor" brüllt es durch das Stadion. „Nicht nur diverse Instrumente ballern ordentlich aufs Trommelfell, sondern auch einzelne

Fans", sagt Daniela-Simone Feit, Leiterin Audiologie beim Hörgerätespezialisten Phonak.

Stellen Sie sich diesen Absatz gesprochen und mit eingeblendetem Fußballkrach vor. Solche und andere Hörfunkbeiträge werden täglich gesendet. Produziert sind sie nicht immer von den Radiosendern selbst. Sondern von Unternehmen und entsprechenden Audio-PR-Dienstleistern. Es handelt sich um Hörfunk-PR.

So kommen Sie ins Radio

Interessanterweise vergessen oder ignorieren viele PR-Schaffende bei ihrer Arbeit schlicht das Radio. Obwohl die Schwelle in dieses Medium nur unwesentlich höher ist als bei Printmedien – und das bei ausgezeichneten Reichweiten.

Grundsätzlich gibt es zwei Möglichkeiten, auf Sendung zu gehen: Entweder der Redakteur meldet sich auf eine Pressemeldung hin oder aus anderem Interesse direkt bei Ihnen. Dann findet ein Telefoninterview statt oder Sie kommen ins Studio. Oder: Sie senden dem Redakteur sendefähiges Material – sogenannte O-Töne. Diese können vom Radiosender individuell zusammengeschnitten werden.

Praxistipp

Gehen Sie bei Hörfunk-PR zunächst ganz ähnlich vor wie bei der Medienarbeit für Printpublikationen: Überlegen Sie, was Sie zu erzählen haben. Nutzwert und Unterhaltung stehen im Vordergrund.

Skript: Ihr Storyboard zum Vertonen

Am Anfang steht zunächst das Skript. Es werden zwei bis fünf kurze Sätze zur Einleitung getextet, die beispielsweise der Radiomoderator zum Anteasern selbst spricht. Daran schließt entweder ein Interview oder ein fertiger Beitrag an.

Beim Interview stellt der jeweilige Radiomoderator selbst die Fragen – und spielt einfach die verschiedene Original-Töne (O-Töne) als Antworten des Unternehmenssprechers ein.

Beim Beitrag übernimmt der Radiosender den kompletten Beitrag, bestehend aus den Textpassagen des Sprechers, den O-Tönen des Unternehmens (PR-Inhalte) sowie beispielsweise O-Tönen von einer Straßenumfrage.

Beispiel: Radiothemendienst – Die Apotheke von morgen: Medikamente und Beratung kommen vor die Haustür

Sprecher: *Deutschland gehen die Apotheken aus. Dieses Problem kann man mit dem Ärztemangel auf dem Land vergleichen. Fast 30 Prozent der Kreise haben zu wenige Hausärzte, und das könnte auch bald für die Apotheken gelten. Die Wege, um Medikamente zu besorgen, werden so immer länger. Daher möchte DocMorris die Apotheke zum Kunden bringen – mit einem mobilen Apothekenbus, so Vorstandsmitglied Max Müller.*

O-Ton 1: *„Dieser Bus bietet Medikamente, die es auch in einer normalen Apotheke gibt und man erhält dort auch eine kompetente pharmazeutische Beratung. Es werden also beispielsweise Wechselwirkungen eines Medikaments mit einem anderen erklärt oder wie man es einnehmen soll."*

Sprecher: Der Kunde muss also auf nichts verzichten. Und auch Diskretion ist in so einem Bus durch einen abgetrennten Raum gewährleistet.

O-Ton 2: „Darin können sich die Kunden per Videoübertragung ganz individuell und natürlich unter vier Augen von Apothekern beraten lassen. Und selbstverständlich können die Kunden dann auch – direkt im Bus – ihre Medikamente bei DocMorris bestellen."

Sprecher: Derzeit ist das Konzept der mobilen Apotheke nach dem deutschen Apothekenrecht noch nicht zulässig. Doch das kann sich ändern, denn neue Wege für Apotheken-Dienstleistungen sind unumgänglich.

O-Ton 3: „Im Moment ist es also eine Frage des politischen Willens, den Menschen entgegenzukommen. Wir erwarten, dass Politik, Krankenkassen, Verbände und Apotheker an dieser Stelle solidarisch handeln. Es wäre ein großer Fortschritt, wenn eine solche Reform durchgeführt werden würde."

Sprecher: Wie weit haben Sie es bis zur nächsten Apotheke? Sagen Sie es uns! Mehr Infos auf radioinformiert.de.

Praxistipp

Weitere Beispiele finden Sie etwa auf:
http://www.hoerfunkberatung.de/

Selbst machen oder einkaufen?

Ob Sie Radio-PR selbst produzieren oder einen Dienstleister nutzen, hängt von Ihren Fähigkeiten, Möglichkeiten und finanziellen Kapazitäten ab. Grundsätzlich können Sie ein

Skript selbst erstellen. Auch Ihre O-Töne können Sie selbst aufnehmen und schneiden. Allerdings müssen Sie auf Verständlichkeit achten. Schreiben fürs Hören will gelernt sein. Ein Radiohörer kann nicht „nachhören", wie ein Leser eine vorangegangene Passage noch einmal nachlesen kann. Die Inhalte müssen kurz und klar sein.

Die Verbreitung Ihres O-Ton-Pakets

Egal ob Sie ein Originaltonpaket (Interviewpaket) oder einen Beitrag mit Einspieler (BmE) als sendefertigen Beitrag herstellen – damit es gesendet wird, muss das MP3 zum Moderator. Hier verhält es sich wie bei der Pressemeldung. Sie können die Dateien bei Redaktionen telefonisch anbieten oder per Mail versenden. Oder Sie setzen auch hier auf Dienstleister wie Deutsche Hörfunkberatung oder ots audio. Diese stehen regelmäßig in Kontakt mit Hörfunkredaktionen. Sie vertreiben die Tonpakete, indem sie diese über eigene Verteiler distribuieren und anschließend nachtelefonieren.

! Achtung
Vermeiden Sie Anbieter, die Beiträge nur auf eine Plattform hochladen, von der sie Redakteure selbst herunterladen können.

Dienstleister werden Ihnen zwar keine Reichweite garantieren, weil dies nur durch Bezahlung der Sender erreicht werden würde (was gegen das Landesmediengesetzt verstößt). Allerdings schaffen sie je nach PR-Thema bis zu 30

Ausstrahlungen und 800.000 Hörer pro Stunde, teilweise sogar bis zu 1,5 Millionen Hörer.

Auf den Punkt gebracht

- Achten Sie auf werbefreie und serviceorientierte Aussagen. Die Sprache muss kurz und knackig sein.

- Wenn Sie auf Dienstleister setzen, gehören Beratung, Konzept sowie ein Reporting zum Angebot.

- Die Preise für die Produktion und Verbreitung von O-Tönen und fertigen Beiträgen liegen zwischen 700 und 1.400 Euro.

Die Pressemappe

Sicher werden heute kaum noch Pressemappen versendet. Schon gar nicht in der Hoffnung, dass sich ein Journalist eine Mappe ansieht und daraufhin von selbst auf die Idee kommt, eine Story über Ihr Unternehmen zu machen. Dennoch sollten Sie eine Pressemappe anlegen. Sie ist wie ein Werkzeugkoffer. Man hat sie immer dabei. Alles ist drin. Und egal, ob Sie eine Pressekonferenz planen, einem interessierten Journalisten Unternehmensinformationen zukommen lassen möchten oder ob Sie einen Redakteur treffen. In der Pressemappe haben Sie stets die Basisinhalte Ihrer Pressearbeit zusammengetragen.

- Unternehmensportrait: rund eine DIN-A4-Seite kurze Informationen über das Unternehmen (zum Beispiel von der Gründung über die Meilensteine bis in die Gegenwart)

- Vita Vorstand/Geschäftsführung

- ein bis drei aktuelle Pressmeldungen

- ausgewählte Fotos vom Unternehmen/von Produkten/vom Vorstand als Fotoabzug und auf CD-ROM bzw. USB-Stick, alternativ: Hinweis auf Downloadadresse im Internet

- falls vorhanden: O-Ton-Schnittmaterial für Radio auf USB-Stick oder CD-ROM

- falls vorhanden: FAQ

- eventuell: Preisliste einzelner Produkte

- wichtig: Kontaktinformationen/Visitenkarten

! Praxistipp

Achten Sie darauf, die Zahlen, Statements und Zitatgeber regelmäßig zu aktualisieren. Gerade Geschäftszahlen und Meinungen veralten schneller, als es einem Unternehmer lieb ist.

Pressekonferenz: alle Medien an einem Tisch

Wohin eine schlecht vorbereitete Pressekonferenz bestenfalls führen kann, zeigt der 9. November 1989, als SED-Politbüromitglied Günter Schabowski versehentlich die Deutsche Grenze öffnete – weil er eine Sperrfrist nicht beachtete und eine Journalistenfrage beantwortete, auf die er nicht gefasst war.

Im schlechten Fall läuft es ab wie beim Automobilhersteller Volvo. Als der im Mai 2010 sein selbst bremsendes Fahrzeug im Rahmen einer Pressekonferenz weltweit angereisten Journalisten präsentieren wollte, versagte das System. Das Auto raste ungebremst in den Lkw.

Für eine Pressekonferenz gibt es keinen zweiten Versuch. Das gilt weniger für die Qualität der Organisation – wobei eine unzureichende Menge „Häppchen" weniger schlimm ist als eine schlechte Ausschilderung, die beispielsweise dazu führt, dass nicht alle Journalisten zur Pressekonferenz (PK) finden. Das Wichtigste ist, dass die Inhalte sitzen. Wenn die anwesenden Journalisten wie im Fall Volvo Fehler serviert bekommt, lassen kritische Fragen nicht lange auf sich warten. Und mit den Fragen die kritische Berichterstattung.

Inhaltliche Vorbereitung

Versetzen Sie sich in die Lage des Journalisten! Stellen Sie sich vor, Sie müssen Ihre gemütliche Redaktion Richtung Pressekonferenz verlasen. Möchten Sie dann Dinge hören, die Sie ohnehin schon wussten?

Was würden Sie sich als Medienvertreter am meisten wünschen?

1. Inhalte: Neuigkeiten, Fakten, Zahlen, interessantes Ton- und Bildmaterial;
2. Form: verständlich, aussagekräftig, sinnvoll, angemessen, Versprechen von Einladung wird gehalten, angemessener Zeitrahmen;
3. Organisation: gut erreichbar, Parkplätze, ...

Was würde Sie am meisten ärgern?

1. schlechte Inhalte: Altes, Bekanntes, Marketingmaßnahmen (Superlative, Adjektive, Subjektives – keine Story);

2. schlechte Form: zu lange Dauer, unprofessionelles Auftreten, ...

3. Organisation: keine Stühle, keine Parkplätze, keine Stifte, ...

Nun liegt es an Ihnen, für die richtige Ausgangslage zu sorgen. Überlegen Sie zunächst, um welche Art der Pressekonferenz es sich handeln soll. Welchen Anlass gibt es – und rechtfertigt der Anlass den Aufwand?

- **Produkt-PK** (Handyhersteller stellt seine neueste Idee vor, Erschließung neuer Bereiche, neues TV-Format),

- **Bilanz-PK** (Jahresabschluss, Geschäftsbericht, Quartals-PK als Instrument der Investor Relation),

- **Krisen-PK** (Probleme mit Produkten, unschöne Botschaften, Rücktritt, Massenentlassungen),

- **Ereignis-PK** (Eröffnung eines Supermarkts, Ankündigung eines Musikfests, Richtfest eines Bauträgers bis zu Eröffnung einer Messe).

Bereiten Sie Inhalte rechtzeitig auf und vor

Stellen Sie die Pressekonferenz auf eine gute inhaltliche Basis. Je früher Sie damit beginnen und je mehr Sie sich mit den zu kommunizierenden Inhalten beschäftigen, desto sicherer fühlen Sie sich. Wenn es die Zeit zulässt, sollten Sie einen guten Monat vor dem eigentlichen Termin der Pressekonferenz mit der Vorbereitung beginnen.

Formulieren Sie ein bis maximal fünf Kernbotschaften. Was soll nach der Pressekonferenz berichtet werden? Sammeln Sie rechtzeitig alle Informationen. Nur so können Journalisten berichten, was sie in Ihren Augen berichten sollen. Aber Achtung! Die PK ist ein dialogisches Mittel – Journalisten haben die Möglichkeit nachzufragen. Seien Sie darauf vorbereitet: Welche Fragen sind wahrscheinlich? Welche kritischen Fragen könnten gestellt werden?

Praxistipp

Falls Redakteure beim Abtelefonieren absagen, versuchen Sie sofort Interviewtermine auszumachen. „Verkaufen" Sie Themen und bieten Sie an, dass der Redakteur auch einige Tage vor der Pressekonferenz ein Interview führen kann – oder später. Sorgen Sie dafür, dass sich Geschäftsführung oder Vorstand am Tag der Veranstaltung ein Zeitfenster für eventuelle Interviews blocken.

4 Wochen vorher

- Festlegung des Themas
- Wer soll kommen?
- Aufbau eines Verteilers
- Schreiben erster Texte für die Pressemappe

3 Wochen vorher

- Erste schriftliche Einladung der Journalisten per Mail, Fax oder Post

- Rund drei bis fünf Tage nach der schriftlichen Einladung: Abtelefonieren der eingeladenen Redaktionen

2 Wochen vorher

- Fertigstellen eines Factsheets mit möglichen kritischen Fragen und möglichen Antworten

1 Woche vorher

- Festlegung: Wer sagt was zur Pressekonferenz? Fertigstellung der Präsentationen

- Pressemappen fertigstellen. Inhalt: Pressetexte, allgemeine Texte, Bildmaterial

- Nochmalige Mail an Redakteure, die zugesagt haben – inklusive Infos zur Veranstaltung (Anreise etc.)

- Fertigstellen von Namensschildern

Organisation: damit alles glattläuft

Sowohl bei der inhaltlichen Vorbereitung als auch bei der Organisation sollten Unternehmen bei einer Pressekonferenz auf professionelle externe Hilfe setzen.

- Eine PR-Agentur wird je nach Größe und Umfang zwischen 5.000 und 10.000 Euro nehmen, um Sie zu unterstützen. Dafür erhalten Sie in der Regel mehrere Vorbereitungsgespräche, Textunterstützung und Pressetexte, Verteilererstellung, Einladung von etwa 10 Journalisten und Nachfassen durch die Agentur, Anwesenheit der Agentur vor Ort bei PK.

- Unterschätzen Sie nicht den Aufwand, geeignete Räume und Technik zu organisieren. Von der Ausschilderung bis zu den Platzkärtchen: Es gibt viel zu tun. Tipp: Setzen Sie auf doppelte Sicherheit. Haben Sie stets Ersatzlaptop, Ersatzbeamer und Ersatz-USB-Sticks mit der Präsentation dabei. Testen Sie die Technik vorher!

- Ob Sie sich für ein Catering entscheiden, hängt von der Uhrzeit ab. Dass Sie für Getränke sorgen, versteht sich von selbst.

- Achten Sie darauf, dass der Ort der Pressekonferenz gut beschildert und auffindbar ist. Engagieren Sie gegebenenfalls Aushilfskräfte, die den Medienvertretern den Weg weisen.

Durchführung: keine zweite Chance

Alles steht. Sie wissen, wer was zu welcher Zeit an welchem Ort sagt. Dann können Sie an dieser Stelle nur noch hoffen, dass alles nach Plan läuft und keine unangenehmen Fragen kommen, mit denen Sie nicht rechnen konnten. Auf alle Fälle ist es ratsam, eine Art Moderator einzusetzen, der den Journalisten und Redakteuren ankündigt, welcher Schritt oder Sprecher als Nächstes kommt und der gleichzeitig die Fragen weiterleitet.

- Platzieren Sie direkt am Eingang jemanden, der die Medienvertreter willkommen heißt. Auf einer Liste (Name, Medium, anwesend ja – nein) sollten Sie abhaken, welche der eingeladenen Redakteure tatsächlich gekommen sind.

- Achten Sie darauf, dass alle Medienvertreter ausreichend Pressematerial erhalten – beispielsweise in Form einer Pressemappe.

- Oftmals ist es ratsam, zeitgleich zur Pressekonferenz die entsprechende Pressemeldung zu versenden, in der es um das Thema geht. Der Versand sollte entweder über Ihren Mailverteiler erfolgen oder über ots.

Nachbereitung von Pressekonferenzen

Wenn Sie die Pressekonferenz überstanden haben, heißt es: dranbleiben. Um einen Überblick über die Veröffentlichungen zu erhalten, sollten Sie einen Clippingdienstleister eingeschaltet haben (siehe Seite 120).

Redakteure und Journalisten, die nicht teilnehmen konnten, sollten Sie in den darauffolgenden Tagen per Mail oder telefonisch mit weiteren Informationen versorgen. Medien, die veröffentlicht haben, lassen Sie besser in den kommenden Tagen in Ruhe und kontaktieren Sie erst wieder, wenn Sie neue spannende PR-Inhalte zu vermelden haben.

Online-PR: interaktive Pressearbeit

Die schlechte Nachricht vorweg: Online-PR ist mehr als das Onlinestellen von Pressemeldungen in offene PR-Portale oder der Versand der Pressemeldung an Onlinemedien.

Online-PR bedeutet vielmehr, das Internet mit seinen Möglichkeiten zu nutzen, um mit der Zielgruppe zu kommunizieren. Sicher zählt auch die im Internet auffindbare Pressemeldung dazu. Doch es gibt noch viel mehr Möglichkeiten. Dafür müssen Sie sich nur mit den verschiedenen Onlinemedien beschäftigen. Wie alle anderen Redaktionen sind auch Online-Redaktionen dankbar für gute Inhalte, mit denen sie ihre Nutzer an die Website binden können. Wenn Sie diese Inhalte liefern, haben Sie gute Chancen auf Veröffentlichungen.

Denken Sie dabei nicht nur in Buchstaben. Bilder, Videos und Töne können ebenso eingebunden werden:

- Warum sollte eine Werkstattkette nicht kurze Audioaufnahmen von typischen Autodefekten aufbereiten, bei denen Nutzer herausfinden können, wie ein defekter Keilriemen klingt oder ein schmutziger Luftfilter?

- Warum sollte ein Maßkonfektionär nicht ein kleines Video produzieren, in dem gezeigt wird, wie man eine Krawatte richtig bindet?

- Warum sollte ein Fitnessstudio nicht Fotos mit effektiven Übungen für die Bikinifigur produzieren?

Sie sehen: Wer nachdenkt, dem fallen Mittel und Wege ein.

Quizfragen und Tests

Haben Sie im Managermagazin online schon einmal einen Test gemacht, ob Sie eine gute Führungspersönlichkeit sind? Kennen Sie auf Bild.de oder Spiegel.de die Kniggetests, mit denen Sie online überprüfen können, wie gut Sie sich mit Manieren auskennen? Welche Tests oder Quizfragen könnten Sie entwickeln? Gerade ausgefallene Fach- und Spezialthemen können interessant sein, wenn Sie den Nutzern einen Wissensgewinn bieten.

- Überlegen Sie sich zu Ihrem Thema kurzweilige Wissensfragen: Egal, ob Sie in der Getränkebranche tätig sind, Schuhe verkaufen oder Medienarbeit für eine Stiftung oder einen Verein machen: Entwerfen Sie Fragen, die dem Leser Spaß machen.

- Übertreiben Sie es nicht mit der Nennung Ihres Unternehmens. Wenn zu Beginn des Tests oder am Ende einmal auf Sie und Ihr Unternehmen als Experte hingewiesen wird, hat das PR-Instrument bereits Sinn und Zweck erfüllt.

Foto-Slideshows

Der typische Onlinenutzer springt schnell von einem Thema zum anderen. Zudem möchte er im Internet keine ellenlangen Texte lesen – sondern angenehm unterhalten werden. Foto-Slideshows gehören da auch dazu.

- Ein Reiseunternehmen könnte beispielsweise eine Foto-Slideshow zu den beliebtesten Herbstreisezielen produzieren.

- Ein Weinverkäufer könnte fünf Gerichte und dazu passende Weine auf fünf Fotos präsentieren.

- Und ein Baumarkt könnte Fotos mit Garten- und Materialtrends im kommenden Jahr zeigen.

> **Leichte Kost**
>
> Gefragt sind Fotoshows mit etwa fünf bis zehn Aufnahmen und kurzen erklärenden Bildunterschriften. Wichtig: Die Fotoshow muss sich inhaltlich leicht erschließen. Achten Sie unbedingt auf die Bildrechte! **!**

PR auf Bestellung: Recherchescout

Der RechercheScout (www.recherchescout.de) ist ein Recherchehelfer für Journalisten und Redakteure – das wiederum macht ihn interessant für PR-Akteure. Die Onlineplattform ging im Herbst 2013 an den Start und stellt eine völlig neue Art der PR-Kommunikation dar: Sie ermöglicht es Journalisten, schnell und kostenlos Recherchefragen (Zitate, Antworten, Ton-, Bild- und Videomaterial) an Presseabteilungen von Unternehmen, Verbänden und Vereinen zu stellen.

Die Anfrage ist für andere Journalisten nicht sichtbar und wird nach einem Matching-System, das auf Schlagwörtern basiert, per E-Mail an die relevanten PR-Stellen in Unternehmen und Institutionen weitergeleitet. Der Vorteil: PR-Schaffende haben die Möglichkeit, den Journalisten mit qualifizierten Inhalten exakt zum Zeitpunkt bei seiner Recherche zu unterstützen.

Die Kosten für die Nutzung liegen bei knapp 150 Euro pro Monat für PR-Treibende. Dafür erhalten sie sämtliche Rechercheanfragen von Journalisten zu ihren gewählten Themenbereichen.

Journalisten nehmen die Recherchemöglichkeit rege an. Anders als bei Google, wo sie nur jene Informationen finden können, nach denen sie konkret suchen, können sie sich über das Werkzeug unbekannte Quellen und Informationen erschließen. Bereits im ersten Quartal nach der Gründung haben sich bei Recherchescout nach Informationen des Anbieters mehr als 500 Journalisten registriert und knapp 100 Rechercheanfragen gestellt, die nach dem Schlagwortsystem an angeschlossene PR-Treibende weitergeleitet wurden.

Distribution: So liefern Sie Ihre PR aus

Wer weiß, **was** er **wie** mitteilen möchte, muss sich nun für den Distributionsweg entscheiden. Schließlich müssen die Inhalte ja auf irgendeinem Weg zu ihren Empfängern gelangen. Egal, ob es sich um Pressemeldungen, Autorenbeiträge, O-Töne, Bilder oder Infografiken handelt. Die Inhalte sollen über die Medien in die Köpfe der Stakeholder. Also müssen die Inhalte zunächst zu den Redakteuren.

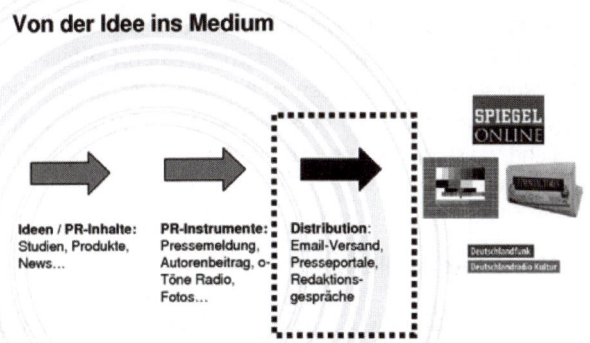

Von der Idee ins Medium

Der Journalistenkontakt kann per Telefon oder durch ein persönliches Treffen stattfinden. Ein Autorenbeitrag kann ebenso per Telefon oder per Mail angefragt werden. Für die Pressemeldung, das am häufigsten genutzte PR-Instrument, gibt es verschiedene Möglichkeiten.

!

Achtung

Entgegen anders lautenden Aussagen gewinnt der persönliche Kontakt zu Journalisten gerade wegen der Informationsflut wieder an Bedeutung. Journalisten brauchen PR-Experten, die sie von der Wichtigkeit von Themen überzeugen. Hartnäckigkeit zahlt sich aus. Wer nicht dranbleibt, geht unter.

Der Verteiler

Trotz all der neuen Möglichkeiten: Der Verteiler bleibt die Grundlage erfolgreicher Medienarbeit und sämtlicher Distribution. Dabei geht es nicht darum, einen Verteiler mit 2.976 Redaktionen vorweisen zu können. Wer 30 Kontakte hat, von denen er mit 20 in regem Austausch steht, macht möglicherweise die bessere Arbeit. Aber egal wie: Zunächst muss ein Verteiler her.

Die Verteilererstellung

Einfach ließe sich sagen: Wie ein Verteiler aussieht, hängt von den hauptsächlich kommunizierten Inhalten ab. Nehmen wir zum Beispiel Rechtsanwälte: Wer in seiner Medienarbeit juristische Tipps an Endkunden geben möchte, sollte Service- und Ratgeberredaktionen ansprechen. Wer im Familienrecht zu Hause ist, sollte entsprechende Familienzeitschriften kontaktieren. Und wer sich in der Fachpresse einen Namen machen möchte, benötigt die Mailadressen von juristischen Fachredaktionen. So lässt sich das Thema in allen Branchen aufbereiten.

Wer sich mit verschiedenen Themen positionieren möchte, sollte verschiedene Verteiler anlegen.

Praxistipp

Möglicherweise benötigen Sie mehr als einen Verteiler. Ratgebermeldungen sind für einen anderen Redakteur interessant als die Jahreszahlen des Unternehmens. Je differenzierter Sie spezielle Inhalte an zielgenaue Verteiler senden, desto größer fallen Ihre Kommunikationschancen aus.

Sie sollten Ihre Verteilererstellung aber nicht danach ausrichten, welche Zielgruppen Ihnen gerade eben einfallen. Gehen Sie systematisch vor und machen Sie den Verteileraufbau von Ihren Kommunikationsabsichten abhängig. Daraus ergeben sich die Zielmedien. Ein in München ansässiges Unternehmen sollte je nach Kommunikationsziel nicht nur Ratgeber- oder Wirtschaftsredaktionen ansprechen. Allein durch den Unternehmensstandort wird ein wichtiger Nachrichtenfaktor bedient – die Regionalität. Für die Lokalredaktion sind Lokalnachrichten interessant – und nicht Servicemeldungen. Jede Pressemeldung gehört ins richtige Ressort.

So kommen Sie an Redaktionsadressen

Egal, welche Redaktionen angesprochen werden sollen: Die Adressen lassen sich entweder per Recherche im Internet (über Suchmaschinen) zusammenstellen – oder mithilfe spezieller Anbieter.

Die Suche via Web wird sehr langwierig und nicht ergiebig sein. Anbieter wie Zimpel oder Stamm bieten in gedruckter oder digitaler Form Adressdaten von Journalisten an. Für ein solches Buch oder eine Medien-CD müssen Sie etwa 100 bis 200 Euro ausgeben.

> ### Achtung
> Das Problem bei Büchern oder Medien-CDs: Sie müssen die Daten der Redaktionen händisch in eine Excel-tabelle übertragen. Zudem sind Datenträger weniger aktuell als Online-Datenbanken, die öfter aktualisiert werden.

Alle Anbieter bieten auch kostenpflichtige Datenbanken an. Hier müssen Sie mit Preisen von etwa 200 Euro für die Druckform bis 2.000 Euro Jahrespauschale für den uneingeschränkten Online-Zugriff rechnen. Empfehlenswert ist besonders die Journalistendatenbank Medienatlas.

PR-Agenturen erstellen natürlich auch spezielle Verteiler. Dieser Weg kostet zwischen 500 und 2.000 Euro. Wenn Sie einmal einen Verteiler haben, müssen Sie diesen pflegen.

Name Medium	Adresse	Mail	Telefon	Besonder-heiten

Twitter

Der Echtzeit-Nachrichtenkurzdienst Twitter ist vor allem in der Kommunikation mit Journalisten nicht zu unterschätzen und hat in den vergangenen Jahren deutlich an Stellenwert gewonnen. Indem Sie sich mit twitternden Journalisten vernetzen, können Sie einerseits direkt verfolgen, welchen aktuellen Themen sich der Journalist widmet – und ihn idealerweise mit Informationen unterstützen. Andererseits können Sie auf seine Tweets reagieren und auf diese Weise mit ihm in Dialog treten.

Twitter bietet Ihnen ebenso die Möglichkeit, andere Journalisten mit den 140 Zeichen langen Kurznachrichten auf sich aufmerksam zu machen. Durch den Gebrauch sogenannter Hashtags (#) gelangen Sie idealerweise auf den Radar von Journalisten. Gerade wenn Sie sich zu tagesaktuellen Themen äußern können, sollten Sie Twitter als PR-Tool nutzen. Beispiel: Es gibt ein neues Gesetz zum Verbot von chemischen Haarfärbemitteln und Sie twittern direkt nach Verabschiedung als Friseur: #Gesetz #Haarfärbemittel – im #Schnittraum ist der Einsatz von Chemie seit Jahren rückläufig. #Bio indes boomt.

Durch die Hashtags „hören" alle Journalisten Ihr Gezwitscher, die nach diesen Schlagwörtern suchen.

Gespräche mit Journalisten

Oberste Regel für das Treffen mit Journalisten: Gehen Sie von sich aus. Beziehungsweise versetzen Sie sich in die Lage des Journalisten. Also: Wie wollen Sie, dass man sich mit Ihnen unterhält?

Bereiten Sie sich vor, indem Sie

- **Informationen über das Medium einholen:** In welche Rubrik könnten Ihre Kommunikationsinhalte passen? Worauf kommt es dem Medium bei der Berichterstattung offensichtlich an? Besorgen Sie sich Ausgaben der Zeitung, Zeitschrift oder der TV-Sendung und beschäftigen Sie sich mit den Besonderheiten.

- **Informationen über den Journalisten einholen:** Dank Suchmaschinen ist es heute so einfach wie nie, Wissen über Personen zusammenzutragen. Schauen Sie im Netz den Namen des Redakteurs oder Journalisten nach, bevor Sie sich mit ihm treffen. Lesen Sie einige seiner Texte. Nicht nur vor dem Hintergrund, dass Sie sich mit ihm darüber unterhalten können. Vielmehr erfahren Sie durch Ihre Recherche, worauf es dem Journalisten ankommt oder bei welchen Themen er kritisch nachfragt. Nutzen Sie auch Datenbanken wie genios (www.genios.de) und Zeitungsarchive. Dort erhalten Sie für durchschnittlich zwei bis fünf Euro Artikel aus einem Gros bundesdeutscher Tageszeitungen und Fachmedien. Die Recherche an sich ist sogar kostenlos.

- Überlegen Sie, **was** Sie sagen möchten.

Redaktionsbesuche

Keine Frage: Von zehn Redakteuren, die Sie anrufen und fragen, ob Sie einen kurzen Redaktionsbesuch abstatten dürfen, werden acht Redakteure antworten, dass sie keine Zeit haben. Aber: Wenn Sie wirklich etwas zu sagen haben, sollten Sie nicht locker lassen. Wichtig: Vermitteln Sie dem

Redakteur, dass es sich lohnt, sich die Zeit zu nehmen. Der Redakteur muss das Gefühl haben, dass Sie wissen, wie wenig Zeit er hat. Wenn er also nur eine Sekunde lang das Gefühl hat, dass er einem Werbefachmann auf den Leim geht, wird es keinen Redaktionsbesuch geben.

In sieben Schritten zum Redaktionsbesuch:

1. Formulieren Sie fünf PR-Kernbotschaften zu kurzen Exposés aus. Welche drei bis fünf Themen könnten den Redakteur interessieren?

2. Werfen Sie einen Blick in das Zielmedium. Wann hat der Redakteur das Thema das letzte Mal behandelt? Gibt es vielleicht einen Aspekt, über den der Redakteur noch nicht berichtet hat und mit dem er das Thema weiter-drehen kann?

3. Rufen Sie den Redakteur an. Bei Tageszeitungen ist es schwierig. Vormittags und am Mittag sind Redaktions-konferenzen. Am Nachmittag und am Abend sind Jour-nalisten vom Produktionsstress genervt. Probieren Sie es am Vormittag.

4. Lassen Sie den Redakteur zu Wort kommen. Warten Sie auf seine Reaktion auf Ihre Begrüßung. Fragen Sie ihn, ob er maximal drei Minuten Zeit hat. Lassen Sie nicht das Gefühl aufkommen, dass Sie einen Staubsauger verkaufen müssen – oder kokettieren Sie bewusst mit diesem Eindruck.

5. Schlagen Sie dem Redakteur konkret vor, wie er das Thema verarbeiten kann. Sagen Sie ihm, in welcher Rub-rik oder Sparte Sie das Thema sehen. Fragen Sie, welche

journalistische Stilform er sich für den Inhalt vorstellen kann. Interview? Bericht? Reportage?

6. Machen Sie einen konkreten Termin aus. Bestätigen Sie den Termin per Mail und umreißen Sie nochmals kurz die Themen, die Sie besprechen werden.

7. Sprechen Sie beim Termin nicht nur über das Geschäftliche, also Ihre Kommunikationsinhalte, sondern befragen Sie den Journalisten bzw. Redakteur auch zu seinem Arbeitsalltag – zu aktuellen Trends, Entwicklungen, Sorgen, aber auch Wünschen an die PR-Seite.

Ein Blick in die Praxis: über den Umgang mit Journalisten

Es gibt Unternehmen, die zahlen ihrer PR-Agentur 1.000 Euro für ein Clipping in der FAZ oder im Handelsblatt. Und es gibt Unternehmen, die unterhalten für mehrere tausend Euro eine Pressestelle, die solche Veröffentlichungen zu verhindern weiß. So weit, so bekannt. Der interessante Aspekt: Nicht wenige Firmen verhindern sogar Abdrucke, in denen es nicht um Kinderarbeit, ausspionierte Mitarbeiter oder andere Tabuthemen geht – sondern um ganz normale Inhalte, in denen Journalisten eine neutrale Unternehmensauskunft erbeten.

Seit einigen Jahren und neuerdings verstärkt werden Journalisten bei ihren Recherchen nicht in Beispielen, Zitaten und Fakten fündig, sondern in besonders schlechter PR-Kultur. Zu erleben ist eine neue Klasse satter, denkfauler PR-Referenten. In brav aufgebügelten Hosenanzügen nicken sie ab, was der Vorstand diktiert. Wenn also die Unternehmensführung medialen Lobgesang verordnet, servieren sie dem recherchierenden Journalisten warmes PR-Gewäsch: Die Besten der Besten, Verantwortung für die Zukunft, höchste Qualitätsansprüche. Austauschbares Geschwätz. Wenn nicht das Logo auf den Verlautbarungen den Absender zeigen würde – es wäre nicht herauszufinden, ob sich die Phrasen auf Buntstifte, Windeln oder Blumensamen beziehen.

Täglich berichten Journalisten von neuen Rechercheerfahrungen dieser Art, die symptomatisch für die Einstellung in vielen PR-Abteilungen sind. Ein großer Haushaltsgerätehersteller beispielsweise verweist den Anrufer einer Wirtschaftszeitung ungeniert auf die Firmenhomepage. *„Dort steht alles, was Sie wissen müssen"*, sagt die PR-Referentin bestimmt. Anmerkungen, dass dort nur Hochglanzblabla zu finden sei, werden abgeschmettert. Zwei Seiten des Jahresberichts zeigen dem Journalisten erwartungsgemäß, dass die Dame nicht zwischen Marketing, Investor Relations und Public Relations zu unterscheiden weiß.

Viele Beratungen, Produzenten und Ämter betreiben die Öffentlichkeitsarbeit kaum besser. Konkrete Fragen müssen zuerst per Mail zugesandt werden, erfährt der Redakteur dort. Dass Presseverantwortliche bereits artikulierte Fragen nicht während des Telefonats mitschreiben, lässt sich nur damit erklären, dass viele Journalisten längst dem Diktat der Pressestellen folgen – und Fragen immer schriftlich formulieren. Haben Redakteure ihre Fragen erst versandt, beginnt das große Warten. Nicht selten wird ihnen per E-Mail mitgeteilt, dass alles länger dauert. Der bereits zitierte Haushaltsgerätehersteller mutmaßt gar, dass die Recherche sehr umfangreich sei und bestimmt eine sehr große Veröffentlichung folge.

In sieben von zehn Fällen kommen die versprochenen Informationen verspätet – beziehungsweise es kommt nur das, was die Pressereferenten unter Informationen verstehen. Statt kurzer und prägnanter Beispiele und Antworten gibt es Lobgesang. Kein Einzelfall. Ob Mittelständler oder Großkonzern: Viele PR-Abteilungen wissen nicht mehr, was sie kommunizieren wollen, dürfen, sollen.

Dabei sind PR-Fachleute gefragt, die mitdenken. Die die Fähigkeit besitzen, sich in die Arbeitsweise und Denke der Journalisten einzufühlen. Und zwar nicht nur dahin gehend, den Redakteur nicht im ärgsten Produktionsstress anzurufen oder sich vor der Kontaktaufnahme mit dem Medium vertraut zu machen. Derartige Hausaufgaben haben Juniorreferenten längst gemacht. Die Rede ist von inhaltlichem Mitdenken. Was könnte die Leser der Zeitung interessieren? Welchen Aufhänger muss ein PR-Inhalt haben, damit der Redakteur einen Mehrwert erkennt?

Solche Aspekte gegenüber der Geschäftsleitung zu vertreten, gehört zu den Aufgaben eines PR-Profis. Wer ausschließlich Verlautbarungen des Managements kommuniziert, macht sich zum Dienstleister. Verspielt wird die Chance, sich im Unternehmen zum gefragten Kommunikationsexperten und Strategen zu entwickeln, der für seine Überlegungen und Weitsicht geschätzt wird.

Selbstverliebte Vorstände mögen kurzzeitigen Gefallen an Hofberichterstattung finden und genüsslich PR um ihrer selbst willen zelebrieren. Bei Journalisten aber stand Hofberichterstattung noch nie hoch im Kurs. Im Gegenteil: Mit

dem Hereinbrechen einer neuen Flut inhaltslosen Gezwit-
schers und Web-2.0-Geschnatters werden hochwertige
Inhalte zu einer (Über-)Lebensversicherung für Qualitäts-
medien. Weitsichtige Medien, die sich abheben wollen,
werden die kostenintensive Recherche verstärken und
notfalls werbelastige Texte gegen Qualitätsjournalismus
austauschen. Profitieren werden jene PR-Abteilungen, die
das berücksichtigen – und Journalisten mit spannenden
Aspekten und Fakten versorgen.

Pressemeldungen: Verbreitung via E-Mail

Nach dem Ausflug zu den Fehlern im Umgang mit Journalisten soll es nun um die Verbreitung von schriftlichem
Pressematerial gehen. Am häufigsten werden Pressemeldungen per E-Mail versandt. Dafür benötigen Sie
natürlich Kontaktadressen, die Sie in einem Verteiler zu-
sammenfassen. Ob Sie die Ansprache personalisiert verfassen oder die Meldung mit „Sehr geehrte Redaktion" beginnen, bleibt Ihnen überlassen. Eine personalisierte
Ansprache erhöht auf alle Fälle die Chancen, dass der Redakteur weiterliest. Zudem verstärkt sie eine bereits vorhan-
dene Bindung an die Redaktion. Doch abgesehen von der
Ansprache gibt es viele weitere Stolpersteine und Fallen.

Betreffzeile: Inhalte vor!

„Wichtige Pressemeldung vom 12.10.2013." Wenn Ihre
Betreffzeile so beginnt, verschenken Sie sofort Punkte.
Denn: Je nachdem, wie der Redakteur das Sichtfenster
seines Mailprogramms eingestellt hat, liest er nur „Wich-

tige Pressemeldung vom …". Abgesehen davon, dass jede Pressemeldung wichtig sein sollte, fehlt das Thema. Beginnen Sie also mit damit: *„Unternehmen XY steigert Gewinn um – Pressemeldung vom 12.20.2013."*

Bcc: Wer ist noch auf dem Verteiler?

Es gibt tatsächlich immer noch einige Unternehmen, die Pressemeldungen versenden – und dabei den gesamten Verteiler offenlegen. Die Funktion „cc" ist absolut tabu, da der Redakteur sieht, wer sonst noch auf dem Verteiler steht. Abgesehen davon machen Sie alle Adressen teilöffentlich, was auch nicht eben professionell wirkt.

Die Empfänger sind daher in das bcc-Feld (blind carbon copy) zu setzen. Auf diese Weise werden die Adressen den Empfängern nicht übermittelt. Allerdings bewerten einige Spamfilter Mails, die den Empfänger per bcc erreichen, negativ. Sie werten den Versand via blind carbon copy als ein mögliches Kriterium für Spam. Ihre Mail landet also nicht beim Redakteur, sondern automatisch im Spampostfach. Schutz davor bieten spezielle Mailingprogramme.

!

Mailingprogramme: schlaue Versandhelfer

Für den Versand Ihrer Pressemeldungen empfiehlt sich der Einsatz von Mailingprogrammen. Die Liste der Anbieter ist lang und reicht von kostengünstigen Varianten wie Supermailer bis hin zu extrem professionellen Lösungen. Vorteil: Sie haben so beispielsweise einen Überblick, welche Mails geöffnet und gelesen werden.

Dateianhänge

Die Pressemeldung lediglich als PDF oder schlimmer noch als Word-Dokument anzuhängen, ist keine gute Idee. Immer wieder versenden Presseabteilungen E-Mails mit dem Hinweis, dass sich im Anhang eine aktuelle Pressemeldung befindet. Thema? Muss der Redakteur selbst herausbekommen – indem er das angehängte PDF öffnet. Das jedoch ist den meisten zu viel Arbeit. Die Mail wird gelöscht. Chance verpasst. Besser: Kopieren Sie die Pressemeldung direkt in die Mail. So kann der Redakteur die Inhalte via Copy and Paste direkt ins Blatt hieven. Falls Sie Bildmaterial oder Infografiken anhängen, tun Sie dies. Achten Sie jedoch auf die Dateigröße und verweisen Sie auf hochauflösendes Material auf Anfrage. Weisen Sie zusätzlich kurz auf die Möglichkeit zum Interview hin.

Fax – eine aussterbende Spezies

Pressemeldungen per Fax zu versenden war bis vor zehn Jahren eine der Hauptverbreitungsmöglichkeiten. Heute spielt der Faxversand eine untergeordnete Rolle. Presseagenturen empfangen noch Fax-Meldungen von Institutionen und Behören. In der Regel ist der Presseversand via E-Mail vorzuziehen.

Post

Der Versand von Pressemeldungen über die Post ist nicht nur teuer, sondern vor allem langsam. Wer Journalisten gezielt ansprechen möchte, kann dies in persönlichen Brie-

fen tun. Für die Verbreitung von Pressemeldungen wird die
Post jedoch nur noch sehr selten genutzt. Zeitlose Pressemappen und Firmenmaterial indes können Sie via Post
verschicken.

Kostenlose Nachrichtenportale

Noch immer verwechseln einige Online-PR-Maßnahmen
mit dem bloßen Einstellen des Pressetextes auf einem Por-
tal im Internet. Ob openPR, Firmenpresse, offenes-Pres-
seportal, dailynet oder inar: Mittlerweile gibt es ein gutes
Dutzend kostenloser Seiten, auf denen Unternehmen ihre
Pressemeldungen hochladen können. Allein beim Markt-
führer openPR wurde dies seit Gründung mehr als 370.000
Mal getan. Auf Firmenpresse finden Interessierte knapp
180.000 Pressetexte.

Suchmaschinenoptimierung gratis

Das Einstellen macht vor allem Sinn, weil Ihre Meldung in
den Portalen lange Zeit verfügbar und so durch Suchmaschinen auffindbar bleibt. Die Portale helfen Ihnen auf
diese Weise, zum Themenführer zu werden. Wenn Sie
regelmäßig hochwertige Pressemeldungen zu einem Spe-
zialgebiet im Internet platzieren, können Ihre Informationen schnell über Suchmaschinen erreicht werden. Journalisten, Redakteure und natürlich auch Kunden können
Sie auf diesem Weg einfach und dauerhaft finden – und
sich über die Qualität Ihrer Pressemeldungen ein Bild von
der Qualität Ihrer Arbeit und von Ihren Fachkenntnissen
machen.

Praxistipp

Durch die Nutzung von Presseportalen leisten Sie einen Beitrag für Ihr Suchmaschinenmarketing: Durch die Verlinkung auf Ihre Website verbessern Sie die Bewertung Ihres Internetauftriits durch Suchmaschinen.

- Nutzen Sie kostenlose Presseportale. Stellen Sie nach Möglichkeit jede Pressemeldung online.

- Lassen Sie sich von vielen Suchmaschinentreffern, die eine Veröffentlichung auf einer kostenlosen PR-Seite nach sich ziehen kann, nicht in die Irre führen. Die Online- oder Offlineveröffentlichung in hochwertigen Medien bleibt in Wertigkeit und Reichweite unersetzbar.

Kostenpflichtige Satellitenversandsysteme

Beim Originaltextservice (ots) handelt es sich um einen kostenpflichtigen Dienst der Deutschen Presse-Agentur (dpa). Unternehmen können dafür den Satellitenversand von dpa nutzen, um ihre Pressetexte 1:1 zu distribuieren. Auf diese Weise laufen Pressetexte direkt in die Redaktionssysteme von Tageszeitungen und Nachrichtenredaktionen ein. Die Kosten beginnen bei rund 350 Euro pro Versand.

> **! Praxistipp**
>
> Wenn Sie mehrere Meldungen pro Jahr versenden möchten, sollten Sie nach Rabatten fragen. Bei mehr als 50 Versandterminen pro Jahr kann der Nachlass bis zu 50 Prozent betragen.

Bei wichtigen Pressemeldungen sollte der Service zusätzlich zum Pressemeldungsversand via E-Mail in Anspruch genommen werden. Zudem ist der einmalige Versand einer Pressemeldung via ots oder ddp aus Gründen des Suchmaschinenmarketings sinnvoll.

Der Meldungsflut angemessen begegnen

Die zunehmende Beliebtheit des Satellitenversandes lässt sich an den Zahlen ablesen. Ots verbreitet heute nach eigenen Angaben rund 450 bis 500 Meldungen am Tag. Betrug die Anzahl der verbreiteten Meldungen im Jahr 2003 noch 112.000, so versendeten Vereine, Unternehmen und sonstige Institutionen im Jahr 2009 rund 196.000 Meldungen.

Aus den Zahlen sollten Sie an dieser Stelle nicht unbedingt schlussfolgern, dass kostenpflichtige Verbreitungssysteme und der Versand von Pressemeldungen allgemein Pflicht sind. Vielmehr sollte deutlich werden, in welchem Konkurrenzkampf um Aufmerksamkeit Ihre Meldung mit täglich 450 anderen Meldungen steht. Die PR-Aktivitäten via Pressemeldung haben sich in zehn Jahren knapp verdoppelt. Selbst interessant und gut aufbereitete Themen haben es heute allein schon aufgrund der Informationsflut schwerer, wahrgenommen zu werden. Eine gute Meldung unter 250 Meldungen fällt mehr auf als eine gute Meldung unter 450 Meldungen.

Interessanterweise setzen die meisten PR-Schaffenden dennoch auf dasselbe Reizmodell – anstelle zu überlegen, mit welchem Kommunikationsweg sie wirklich auffallen könnten. Vielleicht wirkt ein Stück bedruckter Stoff oder ein mit Inhalten bespielter MP3-Player beim Redakteur mehr? Genau diese Frage stellen sich jedoch viele PR-Treibende nicht. Sie versuchen dem Wettbewerb durch Menge zu begegnen.

Achtung

Es werden einfach immer mehr Pressemeldungen verschickt, die natürlich selbst immer weniger kosten dürfen. Eine Spirale, die der Qualität nicht immer zuträglich ist.

Die Dokumentation der Kontaktaufnahme

Ein großer Schritt zur erfolgreichen Öffentlichkeitsarbeit ist es bereits, damit zu beginnen. Als Schwierigkeit entpuppt sich der Spagat, Maßnahmen geplant und strategisch durchzuführen – und trotz dieser Planung überhaupt aktiv zu werden. Nicht selten schlummern PR-Konzepte mit hunderten von Seiten in den Schubladen und werden nicht umgesetzt. Dafür gibt es meist zwei Gründe. Entweder ist das Konzept zu theoretisch und es versteht keiner. Oder: Das Konzept wird nur in Bruchstücken realisiert, weil die

PR-Abteilung zwischen all den Abstimmungsschleifen mit den Verantwortlichen und Fachabteilungen den Überblick verloren hat.

Der Erfolg sämtlicher PR-Aktivitäten hängt stark von der Kontinuität ab. Und die erreichen Sie nur, wenn Sie nachhaken und dokumentieren. Wie Sie Ihre PR-Aktivitäten dokumentieren, bleibt Ihnen überlassen. Ausschlaggebend ist, dass Sie es tun. Die Qualität hängt von Ihrer Zeit und auch Ihrem Budget ab.

Professionelles Kontaktmanagement

Das Unternehmen „Convento" bietet beispielsweise eine speziell auf PR-Anforderungen zugeschnittene Plattform an, auf der PR-Abteilungen personenübergreifend sämtliche Kontakte mit Journalisten dokumentieren können. Das System erlaubt es, den Versand von Pressemeldungen zu steuern und gezielt nachzufassen. Es ist sogar möglich, Veröffentlichungen direkt mit den Kontakten zu verknüpfen.

Eine einfache und kostengünstigere Variante bieten weniger dynamische Arbeitshilfen in Excel oder Word.

Medium	Kontakt-daten	Januar	Februar	März
Tageszeitung XYZ Ressort Anschrift Adresse	Ansprechpartner Vorname Nachname E-Mail Telefon etc.	TT.MM.JJJJ Telefonat mit Herrn XY. Zeigte sich interessiert, verwies jedoch darauf, dass Thema erst behandelt wurde. Soll nachhaken in einem Monat.	TT.MM.JJJJ Erneuter Themenvorschlag per Mail an Redakteur. Zeigte sich bei zweitem Telefonat interessierter. Will nach seinem Urlaub etwas bringen. Hat Bildmaterial angefordert.	

Nach welchen Kriterien Sie die Dokumentation verfassen, bleibt Ihnen überlassen. In jedem Fall ist es ratsam, selbst detaillierte Informationen über das Gespräch (Atmosphäre, Besonderheiten wie zum Beispiel Urlaub) und den Redakteur festzuhalten. Nur so können Sie systematisch vorgehen und vor allem die vielen Redaktionskontakte auseinanderhalten.

Der PR-Plan

Nachdem Sie nun wissen, worauf es bei der Kommunikation ankommt und welche PR-Instrumente es gibt, helfen wir Ihnen jetzt, einen eigenen PR-Plan zu entwickeln. Der größte Fehler bei der Pressearbeit: Sie wird nicht gemacht. Daher: Beginnen Sie einfach. Sie werden sehen – es wird nur mit Wasser gekocht. Man muss nur damit anfangen.

Fallbeispiel

Das Beste ist selten das Einfachste. Zu dieser Erkenntnis sind wir gekommen, als wir für einen unserer Mandanten eine PR-Strategie entwickelt haben. Das Unternehmen stellt hochwirksame Naturkosmetik her. Auf einer Plantage in Sardinien, die nahe am Meer liegt und auf der es nach Macchia duftet, wird Aloe vera angebaut und anschließend per Hand filetiert und verarbeitet. Die Preise für Cremes und Gels reichen von 39 Euro bis zu 125 Euro. Bio trifft Luxus.

Bei der Konzeption der PR-Kampagne haben wir uns zunächst gefragt: Was ist Luxus? In diesem Fall definiert sich Luxus nicht aus dem Überfluss heraus, wie es bei einem vergoldeten Schnitzel oder iPod der Fall ist. Denn ein goldenes Schnitzel schmeckt nicht besser und auch ein vergoldeter iPod klingt nicht besser.

Luxus rührt bei dem Unternehmen von Wertigkeit her. Luxus und Wertigkeit sind eine Folgeerscheinung, ein wirksames Produkt herzustellen. Davon ausgehend haben wir überlegt: Warum wirken die Cremes? Und: Wie muss die PR-Arbeit sein, damit sie wirkt?

Das Ergebnis: So wie die Cremes per Hand hergestellt werden, damit sie wirken und im Überfluss der Konsumgesellschaft wertig wahrgenommen werden, so haben wir uns bei der Medienarbeit für Handarbeit entschieden. In der Informationsflut haben wir bei der Distribution der Pressemeldungen nicht auf kostenlose Portale und nicht nur auf Satellitenversand gesetzt. Vielmehr wurden die Redakteure per Hand kontaktiert. Edles Briefpapier und Handschrift. Was für ein scheinbarer Luxus in der heutigen Zeit. Aber: Die Kommunikation wirkt. Denn: Der Redakteur wird neugierig, wenn sich in Zeiten wie diesen, wo eine E-Mail in zehn Sekunden einhundert Mal reproduziert wird, jemand die Mühe auf sich nimmt, einen Brief per Hand zu schreiben. Neben den handgeschriebenen Briefen wurden die Redakteure schrittweise in den Herstellungsprozess der Cremes involviert, indem ihnen kleine Pflanzen, Gießkannen und Messerchen geschickt wurden – mit denen sie selbst Pflege und Produktion nachvollziehen konnten. Das ganze Jahr sind die Redakteure so mit dem Thema konfrontiert gewesen und haben den Hersteller gleichzeitig als Experten rund um das Thema kennengelernt.

Den PR-Plan umsetzen

Wir sagen unseren Mandanten immer: Mit der Pressearbeit verhält es sich wie bei der Entstehung eines Diamanten. Druck und Kontinuität. Sie müssen also einfach beginnen und mit Vehemenz dranbleiben.

Doch wo beginnen? Selbst aller Anfang ist nicht schwer, wenn Sie sich vergegenwärtigen, was Sie zu Beginn des Buches gelesen haben. Richtig: Sie müssen sich die Frage stellen, wen Sie womit erreichen möchten.

Sie kennen also Ihre Zielgruppe? Erkundigen Sie sich, welche Medien diese Zielgruppe konsumiert. Lifestyle oder Tagespresse? Fachmedien oder Boulevard? Basierend auf diesen Überlegungen erstellen Sie einen oder mehrere Verteiler. Danach geht es an das Schreiben der ersten Pressemeldung sowie ans Aufbereiten von PR-Inhalten – vom PR-Foto bis zum Unternehmensportrait. Am Ende steht der Versand.

Legen Sie Termine fest

Wichtig ist, dass Sie sich vorab einen zeitlichen PR-Fahrplan anlegen. Wenn Sie nicht sagen, wann welche Pressemeldung versandt und wann welche Redaktion angerufen werden soll, sagt es keiner. Da es, wie erwähnt, auf Kontinuität ankommt, sollten Sie am Anfang der Pressearbeit mindestens alle zwei bis drei Wochen eine Pressemeldung versenden. Und weil Pressemeldungen nur versandt werden sollten, wenn es etwas Wichtiges zu sagen gibt, müssen Sie dafür sorgen, dass Sie etwas Wichtiges zu sagen haben (siehe Aufhänger und Inhalte in den vorherigen Kapiteln).

März	<ul><li>Verteilererstellung</li><li>PR-Fotoshooting</li><li>Kontaktaufnahme Fachredaktionen (Immobilien wegen Vorlauf): Interviewtermine (2 Tage)</li><li>Besprechung: Strategie, Brainstorming</li><li>Pressemeldung (PM) Nr. 1: „Start Portal" (Versand via ots und E-Mail)</li></ul>

April	• Thema Redaktionen anbieten – Vorstellung des Unternehmens (2 Tage)
	• PM Nr. 2: „Portal erfolgreich gestartet"
	• Nachtelefonieren Key-Medien (1 Tag)
	• PM Nr. 3: „5 Tipps und Fehler"
Mai	• Nachtelefonieren (1 Tag)
	• PM Nr. 4: „Vorteile"
	• Foren und XING beobachten (1 Tag)
	• PM Nr. 5
	• Nachtelefonieren (1 Tag, davon 1 Stunde Betreuung Foren)
Juni	• PM Nr. 6: (Fachpressemeldung B2B: Aktion für Makler, Zwischenbilanz)
	• 1 Tag Nachtelefonieren Fachpresse Immobilien/Start-up
	• PM Nr. 7 (Lokal:) „5 Beispielstädte"
	• Nachtelefonieren Top-5-Städte u. Lokalausgaben (1 Tag)
	• PM Nr. 8: „Checkliste: Darauf kommt es an"

Erfolgskontrolle und Medienbeobachtung

Um den Erfolg Ihrer Medienarbeit messen zu können, sollten Sie einen sogenannten Clippingdienst nutzen. Landaumedia, Cision oder andere Ausschnittdienste sind Dienstleister, die für Sie die komplette Medienlandschaft täglich nach von Ihnen festgelegten Suchbegriffen scannen. Die Arbeit wird sowohl von automatischen Suchmaschinen übernommen als auch von Menschen, die Tausende Medien aufmerksam lesen.

Wird ein Artikel gefunden, bei dem beispielsweise Ihr Unternehmen namentlich erwähnt wird, schneidet der Clippingdienst den Text aus und sendet Ihnen das Fundstück zu. Auf diese Weise haben Sie jederzeit unter Kontrolle, welches Medium was über Sie berichtet. Die Kosten sind überschaubar. Die monatliche Grundgebühr liegt bei rund 50 Euro. Pro gefundenes Clipping sind zwischen 1 und 3 Euro zu zahlen.

Den Pressespiegel intern und extern nutzen

Die Medienbeobachtung ist nicht nur für Ihren eigenen Kenntnisstand wichtig. Basierend auf den Clippings können Sie beispielsweise einen Pressespiegel erstellen, den Sie an Mandanten oder Angestellte weitergeben. Auf diese Weise sind alle im Bilde darüber, wie Sie sich in der Presse als Experte positionieren. Außerdem können Sie Ihre Clippings unter Angabe der Quelle auf der eigenen Website publizieren. Dabei müssen Sie jedoch auf das Urheberrecht achten. Während das Veröffentlichen einzelner Zitate erlaubt ist, benötigen Sie für die Veröffentlichung kompletter Beiträge ein meist kostenpflichtiges Nutzungsrecht, das Sie beim Verlag oder Autor erhalten.

Anzeigenäquivalenzwert als Erfolgsmesser

Um den Wert von Pressearbeit monetär auszudrücken, wurde der „Anzeigenäquivalenzwert" eingeführt. Für dessen Berechnung wird die Größe des veröffentlichten Artikels ermittelt und mit dem Wert einer Anzeige im entsprechenden Medium verglichen. Gewichtete Werte berücksichtigen dabei auch die Häufigkeit der Firmennennung oder die Tendenz des Artikels – also ob die Berichterstattung neutral, positiv oder negativ ist.

Kritische Berichterstattung

Ein Journalist hat etwas geschrieben, das Ihnen nicht behagt? Dann sollten Sie die Zeitung zur Seite legen und vergessen. Sehen Sie es sportlich und denken Sie daran, dass auch Sie gerne eine spannend und gut gemachte Zeitung lesen. Solange es sich nicht um eine falsche Tatsachenbehauptung handelt, haben Sie nichts in der Hand. Ist der Text gar als Meinungsbeitrag gekennzeichnet, haben Sie gar keine Chance. Rufen Sie den Journalisten jedoch auf keinen Fall an und beschweren Sie sich. Überlegen Sie lieber, wie Sie die negative Berichterstattung künftig durch eine bessere Vorbereitung vermeiden können und mit welchen weiteren Inhalten die Redakteure von kritischen Themen abgelenkt werden können.

So finden Sie die passende PR-Agentur

Herzlichen Glückwunsch. Auf den vergangenen Seiten haben Sie gelesen und hoffentlich auch gelernt, wie Sie sich erfolgreich in den Medien und darüber hinaus in den Köpfen Ihrer Zielgruppe verankern. Vor allem haben Sie erfahren, worauf es bei der Kommunikation ankommt und wie Journalisten denken.

Falls Sie trotz der schrittweisen Anleitung Unterstützung benötigen, helfen Ihnen PR-Agenturen. Unabhängig davon, ob Sie nur einzelne Instrumente einkaufen oder die komplette Betreuung aus der Hand geben: Suchen Sie sich einen Partner, der nicht nur macht, was Sie wollen – sondern der tut, was Sie wirklich brauchen.

! **Achtung**
Öffentlichkeitsarbeit kann nur so gut sein wie der Informationsfluss zwischen dem Unternehmen und der Agentur.

Professionelle Agenturen unterbreiten zwar Vorschläge zu PR-Inhalten und verfügen zudem über spezifisches Branchenwissen. Im Tagesgeschäft ist die PR-Agentur jedoch auf Impulse und Ideen aus dem Unternehmen angewiesen. Ein Unternehmen muss erstens bereit sein zu kommunizieren. Zweitens muss der Unternehmer das konkrete Ziel verfolgen, in der Presse zu erscheinen.

Praxistipp

Je besser die Anbindung der Agentur zur Geschäftsleitung oder Kommunikationsabteilung, desto größer sind in der Regel die PR-Erfolge.

Die nachfolgenden Fragen und Checklisten können Ihr Unternehmen bei der Auswahl des richtigen PR-Partners unterstützen. Scheuen Sie nicht die Mühe, verschiedene Angebote einzuholen und diese miteinander zu vergleichen. Um die richtige PR-Agentur zu finden, sollten Sie nicht nur nach Anbietern suchen, die sich auf bestimmte Branchen spezialisiert haben. Spezialisierung ist nur ein Qualitätsaspekt und kein Garant für professionelle Kommunikationsarbeit. Auf die Denkarbeit vor und während der Kommunikation kommt es an.

1. Arbeitsweise, Transparenz und Weitsicht der künftigen PR-Agentur

	stimme ich völlig zu (4 Pkt.)	stimme ich zu (3 Pkt.)	stimme ich weniger zu (2 Pkt.)	stimme ich nicht zu (1 Pkt.)	weiß ich nicht (0 Pkt.)
Die PR-Agentur fragt Sie detailliert nach Ihren Kommunikationszielen.					
Die PR-Agentur fragt nach Ihren Absatzzielen.					

	stimme ich völlig zu (4 Pkt.)	stimme ich zu (3 Pkt.)	stimme ich weniger zu (2 Pkt.)	stimme ich nicht zu (1 Pkt.)	weiß ich nicht (0 Pkt.)
Die PR-Agentur fragt Sie, warum Ihr Unternehmen Öffentlichkeitsarbeit betreiben möchte.					
Die PR-Agentur erkundigt sich nach Ihren bisherigen Erfahrungen in der Öffentlichkeitsarbeit.					
Die PR-Agentur fragt Sie nach Ihren Zeitvorstellungen und gibt erste Anhaltspunkte.					
Die Agentur äußert erste Ideen für PR-Maßnahmen, sagt aber, dass diese zusätzlich strategisch hergeleitet werden.					
Die PR-Agentur widerspricht Ihnen eventuell in einigen Punkten – sie redet dem Auftraggeber nicht nach dem Mund.					

	stimme ich völlig zu (4 Pkt.)	stimme ich zu (3 Pkt.)	stimme ich weniger zu (2 Pkt.)	stimme ich nicht zu (1 Pkt.)	weiß ich nicht (0 Pkt.)
Die PR-Agentur bietet Ihnen auf Wunsch ein Testpaket an.					
Die PR-Agentur nennt auf Wunsch erste Preisspannen und leitet diese transparent her.					
Die Agentur gibt Ihnen das Gefühl, dass nicht nur das Vorgespräch, sondern auch das PR-Tagesgeschäft von Profis erledigt wird.					
Die Agentur erläutert auf Wunsch Funktionsweise und Mechanismen in der Öffentlichkeitsarbeit.					

Auswertung: So finden Sie die richtige PR-Agentur

55 Punkte bis 49 Punkte:

Mit dieser Agentur sollte es Ihnen gelingen, professionell in der Öffentlichkeitsarbeit aufzutreten. Auch wenn die Checkliste nur emotionale Einschätzungen abfragt und keine quantifizierbaren Fakten, so scheint die PR-Agentur ein solider Partner zu sein.

48 Punkte bis 38 Punkte:

Die Agentur sollte zumindest in die engere Auswahl kommen. Führen Sie weitere Sondierungsgespräche und vereinbaren Sie beispielsweise ein dreimonatiges Testpaket. So können Sie die Arbeit der Agentur in der Praxis testen – ohne ein langfristiges Risiko eingehen zu müssen. Nach drei Monaten sollten erste Erfolge sichtbar sein und man merkt, ob die Chemie stimmt.

37 Punkte und weniger:

Finger weg von dieser Agentur. Wenn bereits zu Beginn die negativen Einschätzungen überwiegen, steht die Zusammenarbeit auf keinem soliden Fundament. Nutzen Sie spezielle Online-Agentur-Finder und erkundigen Sie sich in Branchenverbänden nach anderen PR-Agenturen. Fragen Sie zudem andere Geschäftspartner nach konkreten Empfehlungen.

2. Referenzen der künftigen PR-Agentur

	Ja	Nein	weiß ich nicht
Die PR-Agentur kann Referenzen vorweisen.			
Sie haben nach dem Namen der Agentur gegoogelt und sind auf aktuelle Projekte gestoßen.			
Die Agentur verfügt in Ihren Augen über fundiertes Medienwissen.			
Die Agentur betreut Bestandskunden über mehrere Jahre hinweg. Eine langfristige Zusammenarbeit zeugt davon, dass Kunden zufrieden sind.			
Nutzen Sie neben Google auch Datenbanken wie Genios: Finden Sie hier aktuelle Firmennennungen von Mandanten, die die Agentur betreut?			
Sollte die PR-Agentur in Ihrer Nähe sein?			

Sie haben mehr als drei Mal „Nein" oder „Weiß ich nicht" geantwortet? Dann sollten Sie weitere PR-Agenturen kontaktieren.

Der Autor

Kai Oppel verfügt über langjährige Medienerfahrung. Die komplette Klaviatur des Journalismus erlernte er während seines Volontariats. Oppel arbeitete mehrere Jahre u. a. für die Deutsche Presse-Agentur (dpa) und für Medien wie Financial Times Deutschland oder BILD. Nach einem Studium der Kommunikationswissenschaften an der Universität Erfurt und ausgestattet mit seinem Medienwissen entschied sich der Autor für einen Wechsel der Seiten. Ab 2003 arbeitete er als PR-Experte und Pressesprecher für mehrere Unternehmen. 2009 hat Oppel in München die PR-Agentur scrivo Public Relations (www.scrivo-PR.de) gegründet. Die Agentur betreut Unternehmen verschiedener Größen und Branchen. 2013 startete er darüber hinaus die Online-Plattform Recherchescout, die Journalisten mit PR-Schaffenden verbindet.

Impressum:
Verlag C. H. Beck im Internet: www.beck.de
ISBN: 978-3-406-65978-2
© 2014 Verlag C. H. Beck oHG
Wilhelmstraße 9, 80801 München

Lektorat und DTP: Text+Design Jutta Cram, 86157 Augsburg, www.textplusdesign.de
Umschlaggestaltung: Bureau Parapluie, 85253 Großberghofen
Umschlagbild: iStockphoto © Mark Evans
Druck und Bindung: Beltz Bad Langensalza GmbH, Neustädter Straße 1–4, 99947 Bad Langensalza

Gedruckt auf säurefreiem, alterungsbeständigem Papier (hergestellt aus chlorfrei gebleichtem Zellstoff)